PRATICHE DI BUSHCRAFT PER PRINCIPIANTI

Una guida riconnettersi con il mondo naturale attraverso le abilità tradizionali

HILARY HILTON JERRY

Copyright © 2024 di HILARY HILTON JERRY

Tutti i diritti riservati. Nessuna parte di questa pubblicazione può essere riprodotta, distribuita o trasmessa in qualsiasi forma o con qualsiasi mezzo, comprese fotocopie, registrazioni o altri metodi elettronici o meccanici, senza il previo consenso scritto dell'editore, tranne nel caso di brevi citazioni incorporate nelle recensioni critiche e in alcuni altri usi non commerciali consentiti dalla legge sul copyright.

Sommario

INTRODUZIONE   1

Recuperare l'antica conoscenza: perché Bushcraft è importante   1

CAPITOLO 1   9

Comprendere le basi di Bushcraft   9

Definire Bushcraft: principi fondamentali e filosofia   9

Strumenti e attrezzature essenziali per principianti   18

Principali pratiche di sicurezza e considerazioni etiche   26

CAPITOLO 2   35

Padroneggiare l'arte del fuoco   35

Tipi di accendifuoco e tecniche per accendere fuochi   35

Costruire e sostenere incendi in diverse condizioni   42

Sicurezza antincendio e rispetto dell'ambiente   49

CAPITOLO 3   57

Elementi essenziali per la costruzione di rifugi   57

Selezione delle posizioni dei rifugi e valutazione delle condizioni del sito   57

Tipi di rifugio di base: dalle tettoie alle strutture ad A   63

Rifugi improvvisati con materiali naturali   69

CAPITOLO 4   77

Trovare e purificare l'acqua   77

Identificazione di fonti d'acqua sicure in natura 77

Tecniche per la raccolta e la filtrazione dell'acqua 84

Metodi di purificazione semplici per un consumo sicuro 91

CAPITOLO 5 **99**

Ricerca di commestibili selvatici **99**

Riconoscimento delle piante commestibili e raccolta sicura 99

Commestibili comuni e i loro benefici nutrizionali 105

Consigli di sicurezza per evitare sosia tossici 111

CAPITOLO 6 **119**

Navigazione di base nella natura selvaggia **119**

Lettura di mappe topografiche e nozioni di base sulla bussola 119

Tecniche di navigazione naturale utilizzando il sole e le stelle 126

Navigazione in vari paesaggi 131

CAPITOLO 7 **139**

Monitoraggio e comprensione della fauna selvatica **139**

Nozioni di base sul monitoraggio degli animali e sull'identificazione dei segni 139

Riconoscere il comportamento e i modelli degli animali 146

Convivere rispettosamente con la fauna selvatica 155

CAPITOLO 8 **165**

Realizzazione con materiali naturali **165**

Realizzazione di corde e cordami con piante e corteccia   165

Sgrossatura e semplici tecniche di lavorazione del legno   173

Creare strumenti e utensili di base in natura   181

CAPITOLO 9   191
Tecniche di cucina Bushcraft   191

Metodi di cottura sicuri ed efficienti senza pentole   191

Forni a pietra, a legna e in terra   199

Semplici ricette Bushcraft per principianti   205

CAPITOLO 10   213
Costruire una mentalità Bushcraft   213

Esercitare la pazienza e le capacità di osservazione   213

Coltivare il rispetto per la natura e l'etica della natura selvaggia   220

Abbracciare Bushcraft come un viaggio, non come una destinazione   229

CONCLUSIONE   237

Un viaggio permanente con Bushcraft: come continuare ad apprendere e crescere   237

INTRODUZIONE

Recuperare l'antica conoscenza: perché Bushcraft è importante

Bushcraft è un'antica pratica ricca di abilità che le persone hanno utilizzato per migliaia di anni per vivere a stretto contatto con la natura. Queste abilità hanno aiutato i nostri antenati a sopravvivere, a trovare cibo, a creare un riparo e a navigare attraverso paesaggi selvaggi. Anche se molti di noi ora vivono in città o paesi dotati di comfort moderni, la conoscenza del bushcraft rimane preziosa. Infatti, imparare il bushcraft può darci un rispetto più profondo per la terra e un legame più forte con il mondo naturale. Può anche insegnarci lezioni importanti sull'autosufficienza, sulla pazienza e sulla resilienza.

Fondamentalmente, il bushcraft è lavorare con la natura, non contro di essa. A differenza di alcune pratiche moderne che possono danneggiare l'ambiente, il bushcraft si basa su ciò che la natura offre rispettandola e preservandola. Ad esempio, costruire un riparo con rami e foglie trovati sul terreno invece di abbattere alberi sani è un valore fondamentale del bushcraft. Bushcraft ci insegna a lasciare un luogo come lo abbiamo trovato o anche meglio, il che significa essere responsabili e attenti al modo in cui utilizziamo le risorse naturali. Questa mentalità del "non lasciare traccia" non è solo rispettosa della terra, ma garantisce anche che le generazioni future possano godere e beneficiare della natura proprio come facciamo noi.

Imparare il bushcraft ci aiuta a diventare più autosufficienti. Oggi spesso facciamo affidamento sugli altri per tutto, dal cibo e acqua al riparo e ai vestiti. Bushcraft ci insegna come raccogliere questi bisogni fondamentali dalla terra che ci circonda. Ad esempio, impariamo come accendere un fuoco utilizzando strumenti semplici, raccogliere e purificare l'acqua, identificare piante commestibili e costruire ripari con materiali naturali. Queste abilità possono essere molto potenzianti, poiché ci ricordano che, con la giusta conoscenza, possiamo prenderci cura di noi stessi. Sapere come sopravvivere nella natura senza dipendere dai gadget e dalla tecnologia moderni crea fiducia e resilienza, dimostrandoci che siamo in grado di gestire più di quanto potremmo pensare.

Un'altra parte importante del bushcraft è comprendere e rispettare la fauna selvatica che ci circonda. Ogni foresta, campo e fiume ospita molte creature che fanno affidamento sull'ambiente proprio come noi. Imparando a riconoscere le tracce degli animali, il canto degli uccelli e la crescita delle piante, iniziamo a capire come ogni essere vivente gioca un ruolo nel mantenere la natura equilibrata e sana. Questa conoscenza può anche tenerci al sicuro. Quando sappiamo quali animali vivono nelle vicinanze e come si comportano, possiamo convivere pacificamente con loro ed evitare di disturbare le loro case. Questo rispetto per la fauna selvatica ci aiuta a diventare visitatori responsabili nei loro habitat naturali.

Bushcraft ci insegna anche ad essere pazienti e attenti. In natura, tutto richiede tempo e concentrazione, che si tratti di costruire un rifugio o trovare cibo. Quando ci prendiamo il tempo per osservare come crescono le piante, come si muovono gli animali o come cambia il tempo, iniziamo a vedere gli schemi della natura. Questi modelli possono dirci cose preziose, come quando potrebbe piovere, che stagione è o quali piante sono sicure da mangiare. La pazienza e la capacità di osservazione sono essenziali nel bushcraft perché ci aiutano a prendere decisioni sagge, a rimanere al sicuro e ad adattarci alle mutevoli condizioni.

Nel mondo frenetico di oggi, il bushcraft offre un modo per rallentare e connettersi con il mondo che ci circonda. Ci insegna ad apprezzare le cose semplici, come il calore di un fuoco o il riparo di un albero. Praticare il bushcraft spesso ci porta lontano dai nostri schermi, dove possiamo sperimentare da vicino le immagini, i suoni e gli odori della natura. Questa connessione può essere rinfrescante e persino calmante, poiché ci ricorda i ritmi naturali che hanno sostenuto la vita per secoli. È un modo per allontanarsi dalla frenesia della vita quotidiana e trovare pace nella quieta bellezza della natura.

La sostenibilità, o la pratica di utilizzare le risorse in modo da non esaurirle o danneggiarle, è un'altra lezione chiave del bushcraft. Imparando a raccogliere cibo, acqua e materiali in modo attento e rispettoso, comprendiamo l'importanza dell'equilibrio. Quando prendiamo solo ciò di cui abbiamo bisogno ed evitiamo di sprecare risorse, contribuiamo a un ambiente più sano. Ad esempio, raccogliere solo poche foglie da una pianta invece di strapparla dalle radici le consente di continuare a crescere e di provvedere ad altre creature. Questo approccio sostenibile non solo ci aiuta, ma sostiene anche le piante, gli animali e gli ecosistemi che ci circondano.

Le abilità di Bushcraft non sono solo pratiche; modellano anche il nostro carattere. Lavorare con la natura richiede pazienza, umiltà e capacità di risolvere i problemi. Ad esempio, se un incendio non si accende al primo tentativo, impariamo a mantenere la calma, a osservare cosa è andato storto e a riprovare. Queste sfide rafforzano la resilienza, ovvero la capacità di andare avanti anche quando le cose sono difficili. Bushcraft ci insegna ad adattarci, a pensare in modo creativo e a trovare soluzioni, tutte abilità preziose nella vita, non solo in natura.

In un mondo in cui spesso ci sentiamo disconnessi dalla natura, il bushcraft offre un modo per ricostruire quella relazione. Imparare a convivere con la natura piuttosto che semplicemente visitarla ci aiuta ad apprezzarne la bellezza e la complessità. Ci ricorda che il mondo naturale non è solo una risorsa da utilizzare, ma una casa che condividiamo con innumerevoli altri esseri viventi. Praticando il bushcraft, non solo acquisiamo competenze utili, ma anche un rispetto più profondo per il nostro ambiente e un senso di appartenenza al mondo naturale.

In questo senso, il bushcraft è più di un insieme di tecniche di sopravvivenza; è un viaggio di apprendimento, rispetto e crescita personale. Ci invita a scoprire le meraviglie della natura selvaggia e a trovare un posto per noi stessi al suo interno, come amministratori della terra consapevoli, rispettosi e grati. Attraverso il bushcraft riscopriamo un'antica conoscenza che ci aiuta a vivere in modo sostenibile, responsabile e in armonia con la terra.

CAPITOLO 1

Comprendere le basi di Bushcraft

Definire Bushcraft: principi fondamentali e filosofia

Bushcraft è un insieme unico di abilità e conoscenze che le persone hanno sviluppato nel corso delle generazioni per vivere in armonia con la natura. Si concentra sull'utilizzo delle risorse presenti nel mondo naturale per sopravvivere e prosperare, sia che si tratti di trovare cibo, creare ripari o costruire strumenti. Oltre alla semplice sopravvivenza, il bushcraft porta con sé anche una filosofia più profonda, che valorizza l'autosufficienza, la semplicità e il rispetto per l'ambiente. Le persone che praticano il bushcraft non cercano solo di "cavarsela" nella natura selvaggia; stanno cercando di connettersi con il mondo naturale e capire come vivere come parte di esso piuttosto che separarsene.

Una delle idee centrali nel bushcraft è l'autosufficienza. Ciò significa dipendere dalle proprie capacità e intraprendenza per soddisfare i propri bisogni di base. Nel bushcraft impari a raccogliere ciò di cui hai bisogno dalla natura, invece di fare affidamento su manufatti o forniture. Ad esempio, invece di usare una tenda prefabbricata, potresti imparare a costruire un riparo con rami, foglie e altri materiali che trovi intorno a te. Invece di cucinare sui fornelli, impari ad accendere il fuoco da zero, utilizzando tecniche tramandate di generazione in generazione. L'autosufficienza non significa rifiutare del tutto le comodità moderne, ma comprendere che hai la capacità di prenderti cura di te stesso se necessario, soprattutto in un ambiente naturale.

Un altro principio fondamentale del bushcraft è l'idea di "non lasciare traccia". Ciò significa praticare attività in modo da non danneggiare l'ambiente. Le persone che seguono bushcraft fanno attenzione a non lasciare dietro di sé rifiuti o danni. Usano solo ciò di cui hanno bisogno e stanno attenti a non disturbare le piante, gli animali o la terra stessa. Ad esempio, quando raccoglieva la legna per il fuoco, un bushcrafter prendeva solo i rami caduti invece di abbattere gli alberi vivi. Questo approccio dimostra un profondo rispetto per l'ambiente e l'impegno a preservarlo per le generazioni future.

Bushcraft incoraggia anche un senso di semplicità e consapevolezza. Molti di noi sono abituati a uno stile di vita frenetico pieno di distrazioni. Quando pratichi il bushcraft, impari a concentrarti completamente su ogni compito, che si tratti di preparare il cibo, trovare l'acqua o creare uno strumento. Questo approccio consapevole al lavoro con la natura può essere un cambiamento rinfrescante, poiché ti consente di apprezzare ogni passo e rimanere presente nel momento. La semplicità delle attività del bushcraft, come sedersi tranquillamente ad osservare la fauna selvatica o trovare conforto in un rifugio fatto a mano, può offrire un'alternativa pacifica alla frenesia della vita quotidiana.

Oltre alle abilità pratiche, il bushcraft porta con sé una filosofia unica su come dovremmo interagire con il mondo che ci circonda. Le persone che praticano il bushcraft si considerano parte del mondo naturale anziché separarsene. Questa mentalità significa trattare le piante, gli animali e la terra con la stessa cura e rispetto che daresti ad altre persone. In un certo senso, il bushcraft riguarda la ricerca di un equilibrio, prendendo ciò di cui hai bisogno per sopravvivere ma restituendo proteggendo e preservando l'ambiente. Questa filosofia è in sintonia con molti che si sentono disconnessi dalla natura e vogliono riscoprire un senso di appartenenza al mondo naturale.

Le abilità di sopravvivenza sono una parte importante del bushcraft, ma il bushcraft non significa solo sopravvivere a situazioni difficili. Si tratta invece di imparare a vivere comodamente e con fiducia nella natura. Sapere come creare un rifugio, accendere un fuoco e raccogliere cibo ti dà un senso di sicurezza che va oltre il semplice tirare avanti. Queste abilità possono darti la libertà di esplorare e goderti la natura senza paura. Immagina di sentirti sicuro della tua capacità di trovare ciò di cui hai bisogno nella natura selvaggia, ti permette di sentirti a casa nella natura piuttosto che sentirti un outsider.

Anche l'autodisciplina è una parte essenziale del bushcraft. Imparare queste abilità richiede pazienza e pratica e potresti non riuscire a fare tutto al primo tentativo. Ad esempio, accendere un fuoco senza fiammiferi può essere complicato e potrebbe richiedere diversi tentativi. Ma questo processo insegna la resilienza, mostrandoti che la tenacia e un'attenta attenzione portano al successo. Bushcraft non significa correre o prendere scorciatoie; si tratta di sviluppare gradualmente le competenze e imparare dai propri errori. Questa disciplina può dare potere, poiché dimostra che con la dedizione è possibile ottenere cose che una volta sembravano impossibili.

Molte persone sono attratte dal bushcraft perché consente loro di riconnettersi con competenze che spesso vengono dimenticate nella vita moderna. In un mondo in cui la maggior parte delle cose sono automatizzate o fatte per noi, il bushcraft ci riporta alle origini. Ci incoraggia a porre domande del tipo: "Come troverei il cibo se non avessi un negozio di alimentari?" o "Come potrei stare al caldo senza una stufa?" Queste domande portano a una comprensione più profonda di ciò che ci circonda e a un maggiore apprezzamento per le cose che solitamente diamo per scontate. Questa conoscenza aiuta a costruire fiducia e indipendenza, poiché ti rendi conto che la natura ha tutto ciò di cui hai bisogno se sai come usarla saggiamente.

Il rispetto per la fauna selvatica è un altro valore fondamentale nel bushcraft. Quando sei nella natura selvaggia, condividi la terra con innumerevoli animali, piante e insetti, che svolgono tutti un ruolo importante nell'ecosistema. Bushcraft ci incoraggia a osservare queste creature con curiosità e rispetto. Ad esempio, imparare a identificare le tracce degli animali ti aiuta a capire quali animali si trovano nelle vicinanze e come utilizzano il territorio. Questo rispetto si estende anche alle piante, poiché il bushcraft ci insegna a utilizzare le piante in modo responsabile, prendendo solo ciò di cui abbiamo bisogno e assicurandoci che le piante possano continuare a crescere. Comprendendo e rispettando la vita che ci circonda, diventiamo migliori custodi dell'ambiente.

L'adattabilità è un altro principio importante nel bushcraft. La natura è in costante cambiamento e le condizioni nella natura selvaggia possono essere imprevedibili. A volte il tempo cambia improvvisamente o potresti imbatterti in sfide inaspettate, come trovare fonti di cibo diverse da quelle a cui sei abituato. Bushcraft ci insegna ad essere flessibili e ad adattarci a questi cambiamenti. Invece di attenersi rigidamente a un piano, il bushcraft ci incoraggia a osservare, imparare e adattarci secondo necessità. Questa adattabilità è utile non solo in natura ma anche nella vita di tutti i giorni, poiché ci aiuta ad affrontare le sfide con una mente calma e aperta.

Bushcraft promuove un senso di comunità e di apprendimento condiviso. Sebbene le abilità del bushcraft possano essere praticate da sole, molte persone amano apprendere e condividere queste abilità con gli altri. Unendosi per praticare, le persone possono scambiarsi consigli, idee ed esperienze. Questo aspetto comunitario del bushcraft aiuta a mantenere viva la conoscenza tradizionale, poiché gli esperti bushcrafter trasmettono le loro abilità a nuovi studenti. Imparare in gruppo può anche creare un senso di appartenenza, poiché le persone lavorano insieme per comprendere e apprezzare la terra che condividono.

I principi fondamentali e la filosofia del bushcraft: fiducia in se stessi, rispetto per la natura, semplicità, consapevolezza, resilienza, adattabilità e comunità, si combinano per creare uno stile di vita che valorizza sia le abilità pratiche che una profonda connessione con il mondo naturale. Praticare il bushcraft ci consente di rallentare, imparare da ciò che ci circonda e riconnetterci con la terra in modi significativi. Che si tratti di costruire un riparo tra i rami o di osservare la fauna selvatica, ogni attività ci avvicina alla comprensione dei cicli e dei ritmi della natura. Attraverso il bushcraft non solo impariamo a sopravvivere nella natura, ma sviluppiamo anche un profondo rispetto per la terra e l'impegno a preservarla per le generazioni future.

Strumenti e attrezzature essenziali per principianti

Quando inizi il bushcraft, è importante avere alcuni strumenti essenziali che ti aiuteranno a stare al sicuro e a sfruttare al meglio il tuo tempo nella natura selvaggia. Questi strumenti di base non riguardano i gadget più recenti, ma piuttosto oggetti affidabili e robusti che ti aiutano a lavorare con la natura. Ogni strumento ha uno scopo specifico che rende l'apprendimento delle abilità del bushcraft più facile e sicuro, permettendoti di tagliare la legna, accendere il fuoco, costruire un riparo e altro ancora. Avere gli strumenti giusti è un buon primo passo per diventare più autosufficienti in natura e imparare a comportarsi con sicurezza nella natura.

Uno degli strumenti più importanti nel bushcraft è un coltello di alta qualità. Un coltello è essenziale per molte attività, dalla preparazione del cibo all'intaglio del legno, rendendolo uno strumento su cui farai affidamento frequentemente. Nel bushcraft, un coltello può essere utilizzato per tagliare i rami per ripararsi, affilare i bastoncini, preparare la legna per il fuoco o persino pulire il pesce se ne prendi uno. Un buon coltello da bushcraft dovrebbe essere forte, affilato e facile da maneggiare. Quando scegli un coltello, cercane uno con il codolo intero, ovvero con la lama di metallo che corre lungo tutto il manico. Questo design rende il coltello più forte e ha meno probabilità di rompersi. Le lame fisse, piuttosto che quelle pieghevoli, sono solitamente preferite per il bushcraft perché sono più robuste e possono gestire compiti più pesanti senza il rischio di crollare o rompersi.

Anche la dimensione del coltello è importante. I principianti spesso pensano che i coltelli più grandi siano migliori, ma per il bushcraft, una lama più piccola e più maneggevole è solitamente l'ideale. Una lama compresa tra tre e cinque pollici è generalmente una buona scelta, poiché fornisce controllo senza essere troppo ingombrante. Inoltre, considera la presa della maniglia. Una maniglia che si adatta comodamente alla mano e fornisce una presa sicura è essenziale per la sicurezza, poiché aiuta a prevenire incidenti durante il taglio o l'intaglio.

Un altro strumento essenziale nel bushcraft è un accendifuoco. Sapere come accendere un fuoco è un'abilità vitale nella natura selvaggia, poiché il fuoco fornisce calore, luce e un modo per cucinare il cibo. Può anche essere un segnale di aiuto in caso di emergenza. Sebbene i fiammiferi e gli accendini siano utili, un accendifuoco, come una bacchetta di ferrocerio (spesso chiamata "bacchetta di ferro"), è più affidabile in condizioni di bagnato e vento. Una bacchetta di ferro produce scintille quando viene raschiata con un percussore di metallo, che può accendere esca secca come piccoli ramoscelli, foglie o batuffoli di cotone.

Per usare una bacchetta di ferro, tienila vicino all'esca e colpiscila con una lama o un percussore di metallo, creando scintille che atterrano sull'esca e accendono una fiamma. Ci vuole un po' di pratica, ma imparare ad accendere un fuoco in questo modo ti aiuta a comprendere più a fondo come si accende il fuoco. Le aste in ferro sono durevoli, alcune durano per migliaia di colpi, e funzionano nella maggior parte delle condizioni atmosferiche, rendendole una scelta affidabile. Gli accendifuoco sono ottimi strumenti perché durano più a lungo dei fiammiferi e non fanno affidamento sul carburante come un accendino, rendendoli un oggetto prezioso da avere nel tuo kit.

Un telo è un altro strumento prezioso per i principianti nel bushcraft. Un telo è un pezzo di materiale resistente e impermeabile che può essere utilizzato per creare un riparo rapido ed efficace da pioggia, vento e sole. Installare un telo è relativamente semplice e non richiede tanto tempo o abilità quanto costruire un rifugio naturale, rendendolo particolarmente utile per i principianti. I teloni sono disponibili in varie dimensioni, ma un telone di medie dimensioni, circa 8x10 piedi, è solitamente sufficiente a coprire una piccola area per una o due persone. Quando scegli un telo, cercane uno che sia leggero, resistente e impermeabile. Anche gli angoli rinforzati con occhielli (anelli di metallo) sono utili, poiché consentono di fissare il telo con corde o paracord.

I teloni sono molto versatili e possono essere installati in molti modi. Puoi usarlo come tetto legandolo ad alberi o paletti, oppure come copertura del terreno per mantenere asciutta la zona notte. Alcune persone usano addirittura i teloni per raccogliere l'acqua piovana da bere in situazioni di sopravvivenza. I teloni sono particolarmente utili perché sono facili da imballare, installare e smontare, rendendoli ideali per i principianti che potrebbero non sapere ancora come costruire rifugi complessi con materiali naturali.

Il paracord, o cavo del paracadute, è un altro oggetto utile per i principianti del bushcraft. È una corda resistente e leggera che può essere utilizzata per una vasta gamma di attività. Nel bushcraft, il paracord può aiutarti a sistemare un telo, fissare l'attrezzatura, creare trappole o persino strumenti di moda. Il paracord è solitamente costituito da diversi fili più piccoli all'interno di una guaina esterna, che gli conferisce maggiore resistenza e flessibilità. Puoi tagliare la guaina esterna per accedere a questi fili interni, che possono essere utilizzati per compiti più delicati come la pesca o il cucito.

Quando scegli il paracord, cerca il tipo "550", il che significa che può sostenere fino a 550 libbre di peso. È anche utile scegliere il paracord dai colori vivaci, poiché è più facile vederlo nel bosco se lo fai cadere accidentalmente. Il Paracord è piccolo e compatto, quindi puoi portarne un pezzo nello zaino o addirittura avvolgerne un po' attorno al manico del coltello per un facile accesso.

Una sega pieghevole è utile anche nel bushcraft. Sebbene i coltelli possano svolgere molti compiti, una sega è migliore per tagliare rami o tronchi più spessi. A differenza di un'ascia, che richiede forza e precisione, una sega consente di tagliare il legno in modo sicuro ed efficiente con meno forza. Le seghe pieghevoli sono portatili e facili da usare, il che le rende la scelta ideale per i principianti. Quando scegli una sega, cercane una con manico robusto e denti affilati, progettata per tagliare il legno.

L'uso di una sega rende più facile e veloce la raccolta di legna da ardere o materiali da costruzione per ripararsi. È particolarmente utile nelle aree in cui i rami caduti sono grandi o difficili da spezzare a mano. Una sega ti consente di tagliare il legno nella misura che ti serve, offrendoti un maggiore controllo sui tuoi progetti di costruzione. Le seghe hanno anche meno probabilità di causare incidenti rispetto alle asce, rendendole più sicure per i principianti.

Una bottiglia d'acqua in metallo è un altro oggetto essenziale per il bushcraft. Rimanere idratati è fondamentale nella natura selvaggia e una bottiglia di metallo ti consente di portare l'acqua con te ovunque tu vada. Le bottiglie di metallo sono utili perché possono essere poste direttamente sul fuoco per far bollire l'acqua, uccidendo i batteri nocivi e rendendola sicura da bere. Le bottiglie di plastica non resistono al calore, ma una robusta bottiglia in acciaio inossidabile è versatile e durevole, ideale per scopi bushcraft.

Scegliere la bottiglia d'acqua giusta significa trovarne una realizzata in acciaio inossidabile e priva di rivestimenti che potrebbero essere dannosi se riscaldati. Una bottiglia a bocca larga è spesso migliore perché è più facile da riempire, pulire e utilizzare per cucinare, se necessario. Essere in grado di far bollire l'acqua direttamente nella bottiglia significa non dover portare con sé una pentola separata, risparmiando spazio e peso nello zaino.

In sintesi, ciascuno di questi strumenti: il coltello, l'accendifuoco, il telo, il paracord, la sega pieghevole e la bottiglia d'acqua in metallo, ha un ruolo specifico che ti aiuta a svolgere diversi compiti nel bushcraft. Il coltello fornisce uno strumento versatile per tagliare e intagliare; l'accendifuoco offre un modo affidabile per accendere il fuoco; il telo fornisce un riparo rapido; il paracord può essere utilizzato in innumerevoli modi; la sega pieghevole facilita la raccolta del legno; e la bottiglia d'acqua in metallo consente acqua potabile sicura. Questi articoli costituiscono la base del kit bushcraft di un principiante, aiutandoti ad apprendere abilità e goderti la natura selvaggia con sicurezza. Con la pratica, questi strumenti diventeranno familiari, aiutandoti a sviluppare le abilità essenziali del bushcraft che ti permettono di interagire con la natura in modo sicuro e rispettoso.

Principali pratiche di sicurezza e considerazioni etiche

Quando si impara il bushcraft, la sicurezza e il rispetto per l'ambiente sono importanti tanto quanto sapere come usare gli attrezzi o accendere un fuoco. Praticare il bushcraft in modo sicuro aiuta a prevenire gli incidenti, mentre il rispetto della natura garantisce che l'ambiente rimanga bello e sano per il divertimento di tutti. Qui esploreremo alcune importanti pratiche di sicurezza e principi etici nel bushcraft. Seguendo queste linee guida potrai divertirti, stare al sicuro e proteggere la natura allo stesso tempo.

La sicurezza antincendio è uno degli aspetti più critici del bushcraft. Il fuoco può essere utile per riscaldare, cucinare e illuminare, ma può anche essere pericoloso se non maneggiato con attenzione. Prima di accendere un fuoco, controlla sempre se è consentito nell'area in cui stai praticando il bushcraft. Alcuni luoghi hanno restrizioni dovute alle condizioni meteorologiche secche o alle regole locali, quindi è essenziale conoscere le normative. Quando sei pronto per accendere un fuoco, scegli un luogo sicuro lontano da rami sporgenti, foglie secche o altri materiali infiammabili. Pulisci una piccola area e rimuovi erba, bastoncini o foglie dal terreno in modo che il fuoco non abbia alcuna possibilità di propagarsi.

Costruire un anello di fuoco può aiutarti a contenere il fuoco. Puoi creare un anello circondando l'area del fuoco con delle pietre, che fungono da barriera e impediscono la propagazione delle fiamme. Mantieni il tuo fuoco piccolo e gestibile in modo che sia più facile da controllare. Quando hai finito con il fuoco, assicurati che sia completamente spento prima di partire. Versa l'acqua sulla cenere e mescola fino a quando tutto sarà freddo al tatto. Questo passaggio è essenziale perché anche le piccole braci possono riaccendersi se lasciate incustodite, provocando un incendio boschivo. Praticare la sicurezza antincendio aiuta a proteggere te e tutti gli altri nella zona.

Un'altra parte importante del bushcraft è imparare a maneggiare con cura strumenti come coltelli, seghe e asce. Questi strumenti sono incredibilmente utili ma possono anche essere pericolosi se non utilizzati correttamente. Mantieni sempre gli strumenti affilati perché le lame smussate possono scivolare e causare incidenti. Quando usi un coltello o una sega, taglia lontano dal tuo corpo e assicurati che nessuno sia troppo vicino. Gli strumenti Bushcraft devono essere utilizzati lentamente e con attenzione, senza fretta, per evitare incidenti. È inoltre essenziale indossare guanti quando si utilizzano strumenti come seghe o asce, poiché i guanti forniscono maggiore presa e protezione per le mani.

Conserva correttamente i tuoi strumenti quando non li usi. Ad esempio, rimetti il coltello nel fodero e chiudi una sega pieghevole per mantenere la lama coperta. Quando si trasportano utensili affilati, tenerli fissati nella borsa o nello zaino per evitare lesioni. Ricorda, gran parte del bushcraft consiste nell'imparare ad essere paziente e attento. Prendersi il tempo necessario con gli strumenti non solo ti mantiene al sicuro, ma ti aiuta anche a usarli in modo più efficace.

Praticare il bushcraft non significa solo utilizzare le risorse della natura; si tratta anche di rispettare e proteggere l'ambiente. È qui che entra in gioco il concetto di "Leave No Trace". "Leave No Trace" è un principio importante che incoraggia le persone a ridurre al minimo il proprio impatto sulla natura selvaggia. Seguire questo principio significa fare pulizia, non disturbare gli habitat naturali e lasciare le cose come le hai trovate. Quando lasci un sito di bushcraft, dovrebbe sembrare che non ci sia mai stato nessuno. Ciò significa portare fuori la spazzatura, gli avanzi di cibo o altri oggetti che hai portato con te. I rifiuti possono danneggiare gli animali, inquinare l'ambiente e rovinare l'esperienza degli altri.

Una parte di "Leave No Trace" è prestare attenzione alle piante e agli alberi intorno a te. Raccogli solo ciò di cui hai bisogno e cerca di prendere risorse dalle piante cadute o morte quando possibile. Ad esempio, invece di tagliare un ramo di un albero vivo, cerca dei bastoncini secchi o del legno morto sul terreno. Questa pratica aiuta a proteggere le piante e garantisce che l'area rimanga rigogliosa e sana. Evita di togliere la corteccia dagli alberi, poiché ciò può danneggiarli e renderli più vulnerabili alle malattie. Fare attenzione a come si utilizzano le piante fa parte del rispetto dell'ambiente.

Il rispetto della fauna selvatica è un'altra considerazione etica essenziale nel bushcraft. Gli animali sono una parte importante dell'ecosistema naturale ed è nostra responsabilità rispettare il loro spazio. Evita di nutrire gli animali selvatici, poiché ciò può renderli dipendenti dall'uomo per il cibo e interrompere le loro abitudini naturali. Anche nutrire gli animali può essere pericoloso perché alcuni animali possono diventare aggressivi o perdere la paura degli esseri umani, il che può portare a conflitti. Osservare gli animali da lontano permette di godersi la natura senza disturbare le creature che la abitano.

Se ti imbatti in un nido, una tana o una tana di animali, evita di avvicinarti troppo. Il disturbo degli habitat animali può causare stress alle creature e persino portarle ad abbandonare le loro case. Ricorda che il bushcraft significa essere un visitatore rispettoso della natura. Dando agli animali molto spazio, permetti loro di vivere indisturbati la loro vita e avrai maggiori possibilità di osservarli nel loro comportamento naturale.

Le fonti d'acqua nelle zone selvagge sono cruciali sia per gli esseri umani che per gli animali. Quando sei vicino a un fiume, lago o ruscello, è importante evitare di contaminare l'acqua. Se hai bisogno di lavarti le mani, i piatti o i vestiti, prova a farlo ad almeno 200 piedi di distanza da qualsiasi fonte d'acqua. Ciò aiuta a impedire che sapone, particelle di cibo o sporco penetrino nell'acqua e danneggino la fauna selvatica che fa affidamento su di essa.

Anche i saponi biodegradabili dovrebbero essere usati con parsimonia e lontano dalle fonti d'acqua per proteggere la vita acquatica.

Assicurarsi che sentieri e sentieri siano preservati è un altro modo per praticare il bushcraft etico. Attenersi ai sentieri stabiliti quando possibile, poiché camminare fuori sentiero può danneggiare le piante fragili e disturbare il terreno. Le piante calpestate e il terreno compattato possono richiedere molto tempo per riprendersi e l'attività ripetuta fuori dai sentieri può portare all'erosione. Attenendosi ai sentieri, contribuisci a preservare la bellezza naturale della zona affinché tutti possano goderne.

È essenziale anche essere rispettosi nei confronti delle altre persone che potrebbero praticare il bushcraft o godersi la vita all'aria aperta. Mantieni bassi i livelli di rumore per evitare di disturbare gli altri e fai attenzione agli spazi condivisi o ai campeggi. Bushcraft riguarda l'armonia con la natura e ciò include la considerazione per gli altri che potrebbero godersi l'ambiente insieme a te.

Le principali pratiche di sicurezza nel bushcraft includono un'attenta sicurezza antincendio, la corretta gestione e conservazione degli strumenti e il rispetto delle linee guida etiche che proteggono l'ambiente e la fauna selvatica. Seguire il principio "Non lasciare traccia" aiuta a preservare la bellezza della natura incoraggiando le persone a lasciare le aree selvagge così come le hanno trovate. Rispettare la fauna selvatica e i loro habitat consente agli animali di prosperare indisturbati, mentre evitando la contaminazione delle fonti d'acqua si protegge l'ecosistema naturale. Mettendo in pratica questi principi etici e di sicurezza, puoi goderti il bushcraft in un modo che rispetta e salvaguarda il mondo naturale, assicurando che rimanga un posto meraviglioso da esplorare e apprezzare per le generazioni future.

CAPITOLO 2

Padroneggiare l'arte del fuoco

Tipi di accendifuoco e tecniche per accendere fuochi

L'arte del fuoco è un'abilità essenziale nel bushcraft e imparare diversi modi per accendere un fuoco può essere sia emozionante che utile. Il fuoco fornisce calore, aiuta a cucinare, tiene lontani gli animali e può anche segnalare aiuto se necessario. Esistono diversi metodi per accendere un fuoco in natura, ciascuno con le sue tecniche e strumenti unici. Qui esploreremo alcuni metodi popolari per accendere il fuoco: la bacchetta di ferro, la selce e l'acciaio e il trapano ad arco. Sapere come utilizzare questi strumenti non solo migliorerà le tue abilità nel bushcraft, ma approfondirà anche la tua comprensione di come le persone nei tempi antichi creavano il fuoco.

Il primo strumento per accendere il fuoco da esplorare è la barra di ferrocerio, comunemente nota come barra di ferro. Una barra di ferro è una barra metallica composta da una miscela di metalli, incluso il magnesio, che crea scintille molto calde se raschiata con un percussore o un coltello di metallo. Queste scintille possono raggiungere temperature superiori a 3.000 gradi Fahrenheit, rendendole molto efficaci per accendere incendi anche in condizioni umide. Per utilizzare una bacchetta di ferro, inizia preparando un piccolo mucchio di esca secca, che potrebbe includere materiali come erba secca, trucioli di corteccia o batuffoli di cotone. L'esca è ciò che catturerà la scintilla e aiuterà ad accendere il fuoco.

Tieni la bacchetta di ferro vicino alla pila dell'esca e, con una presa salda, raschia velocemente la bacchetta con un percussore o un coltello, puntando le scintille direttamente sull'esca. Potrebbero essere necessari alcuni tentativi, ma con un po' di pratica l'esca dovrebbe prendere fuoco. È essenziale essere pazienti e utilizzare movimenti fluidi e controllati, poiché premere troppo forte sulla barra di ferro potrebbe far cadere l'esca o smorzare la scintilla. Le barre di ferro sono popolari perché sono affidabili, durevoli e funzionano bene in varie condizioni atmosferiche, rendendole un ottimo strumento per accendere il fuoco sia per principianti che per esperti.

Un altro metodo per accendere un fuoco è usare selce e acciaio. Questa tecnica è stata utilizzata per secoli e consiste nel colpire un pezzo di acciaio contro una roccia di selce per creare scintille. La selce è un tipo di roccia dura che, se colpita, può produrre una scintilla. Per accendere un fuoco con selce e acciaio, avrai bisogno di un pezzo di selce, un percussore di acciaio ad alto tenore di carbonio e un po' di esca, come un panno carbonizzato. La stoffa carbonizzata è un pezzo di stoffa parzialmente bruciato, il che la rende eccellente nel catturare anche la più piccola scintilla.

Tieni la selce in una mano e l'acciaio nell'altra. Colpisci l'acciaio contro la selce in un angolo, dirigendo le scintille sul panno carbonizzato o sull'esca. Una volta che il panno carbonizzato prende una scintilla, vedrai una piccola brace. Posiziona con attenzione la brace sul fascio di esca e soffiaci sopra delicatamente per incoraggiarla a diventare una fiamma. La selce e l'acciaio potrebbero richiedere un po' di pratica, poiché le scintille non sono calde come quelle di una bacchetta di ferro. Tuttavia, padroneggiare questo metodo ti connette alle tradizionali tecniche di accensione del fuoco e ti dà un senso di realizzazione.

Il trapano ad arco è un altro metodo affascinante per accendere un fuoco ed è uno dei modi più antichi conosciuti per creare un fuoco utilizzando l'attrito. Questa tecnica richiede più preparazione e pazienza ma è incredibilmente gratificante una volta padroneggiata. Per realizzare un trapano ad arco, avrai bisogno di alcune parti specifiche: un arco, un mandrino, un pannello focolare e una presa. L'arco può essere realizzato con un bastone robusto, leggermente ricurvo e un pezzo di corda o spago. Il mandrino è un bastoncino dritto che si inserisce comodamente nel focolare, che ha una piccola tacca per tenere il mandrino in posizione.

Per accendere un fuoco con un trapano ad arco, posiziona il perno nella tacca sul pannello del fuoco e avvolgi la corda dell'arco attorno ad esso. Tieni la presa sulla parte superiore del perno per mantenerla ferma mentre muovi l'arco avanti e indietro. Mentre muovi l'arco, l'attrito tra il fuso e il focolare genera calore, che alla fine crea una piccola brace. Quando vedi del fumo e una brace ardente, trasferiscila con attenzione su un fascio di esca e soffia delicatamente per incoraggiare la brace a trasformarsi in una fiamma.

Usare un trapano ad arco può essere impegnativo, soprattutto per i principianti, poiché richiede forza, coordinazione e pazienza. Tuttavia, questo metodo è un ottimo modo per capire come si può creare il fuoco da materiali semplici senza fare affidamento su strumenti moderni. Insegna i principi dell'attrito e della generazione di calore, nonché la perseveranza.

Ogni metodo di accensione del fuoco richiede una preparazione adeguata e i materiali giusti per essere efficace. Indipendentemente dal metodo scelto, raccogliere l'esca giusta è fondamentale. I materiali dell'esca dovrebbero essere asciutti, soffici e in grado di catturare facilmente una scintilla. Puoi utilizzare materiali naturali come foglie secche, aghi di pino o trucioli di corteccia, o anche materiali artificiali come batuffoli di cotone o pelucchi dell'asciugatrice. Una volta che hai raccolto l'esca, costruisci una piccola struttura per proteggere il fuoco dal vento e tieni pezzi più grandi di legna da ardere e legna da ardere nelle vicinanze per mantenere il fuoco acceso una volta che prende fuoco.

Per i principianti, è utile iniziare a praticare queste tecniche di accensione del fuoco in un ambiente sicuro e controllato, come il cortile o un'area designata per il campeggio. Con la pratica, svilupperai le capacità per accendere un fuoco in modo rapido ed efficiente in varie condizioni. Assicurati di prenderti il tuo tempo e di seguire attentamente ogni passaggio. Accendere il fuoco è un'abilità preziosa che è stata tramandata di generazione in generazione e padroneggiarla aumenterà la tua sicurezza e approfondirà la tua connessione con il mondo naturale.

Il fuoco è uno strumento potente e pericoloso, quindi dai sempre la priorità alla sicurezza. Esercita le tue abilità nell'accendere il fuoco in un'area sicura e assicurati di avere dell'acqua nelle vicinanze nel caso in cui sia necessario spegnere l'incendio. Praticando l'arte del fuoco con cura e rispetto, non solo migliorerai le tue abilità nel bushcraft, ma onorerai anche le antiche pratiche che hanno permesso agli esseri umani di prosperare nella natura selvaggia per secoli.

Costruire e sostenere incendi in diverse condizioni

Costruire e mantenere un fuoco in natura può essere complicato, soprattutto quando il tempo non è l'ideale. Il fuoco è essenziale per il calore, la cucina e la sicurezza, quindi sapere come gestire diverse condizioni, come pioggia, neve o vento, è un'abilità cruciale nel bushcraft. Comprendendo le tecniche giuste e scegliendo i materiali migliori, puoi accendere e sostenere con successo un incendio anche quando la natura presenta sfide. Questa guida esplorerà come adattare il tuo approccio alla costruzione del fuoco in base alle condizioni, con suggerimenti sull'uso dell'esca, sulla creazione di una base solida e sulla disposizione della legna per un flusso d'aria efficace.

Quando si accende un fuoco in condizioni umide o piovose, è fondamentale iniziare con l'esca secca, poiché i materiali bagnati sono molto difficili da accendere. L'esca è qualsiasi materiale piccolo e secco che cattura facilmente una scintilla. Raccogli l'esca da aree asciutte, come sotto le rocce, all'interno di tronchi morti o sotto il fogliame denso dove la pioggia non è arrivata. Alcune opzioni eccellenti includono foglie secche, erba o corteccia di betulla. Se l'esca naturale è umida, puoi utilizzare un'esca già pronta, come batuffoli di cotone o lanugine dell'asciugatrice, conservata in una borsa impermeabile come riserva.

Per proteggere il tuo fuoco dal terreno bagnato, inizia costruendo una base utilizzando uno strato di bastoncini o corteccia. Questa base mantiene il fuoco lontano dal terreno freddo e umido, che può spegnere le fiamme o rendere più difficile l'accensione dell'incendio. Una volta che la base è pronta, posiziona sopra l'esca e circondala con piccoli bastoncini di legno. Questi bastoncini dovrebbero essere asciutti e sottili, per consentire al fuoco di crescere prima di aggiungere ceppi più grandi. Disporre la legna in un tepee o in una struttura a tettoia, poiché queste forme consentono il flusso dell'ossigeno, necessario affinché il fuoco bruci bene.

In condizioni di neve, accendere un fuoco richiede passaggi aggiuntivi, poiché la neve può sciogliersi e trasformarsi in acqua, che potrebbe estinguere l'incendio. Per evitare ciò, rimuovere prima la neve fino al suolo o, se la neve è troppo alta, compattarla saldamente per creare una superficie stabile. Successivamente, posiziona una base di bastoncini o corteccia sopra la neve. Questa base aiuterà a isolare il fuoco e ad evitare che la neve che si scioglie lo spenga. Raccogli esca secca e legna da ardere, il che può essere difficile nelle zone innevate, ma spesso può essere trovato in luoghi riparati come sotto alberi sempreverdi o all'interno di tronchi cavi.

Una volta posizionati l'esca e la legna sulla base, puoi costruire una struttura tipo teepee con il legno, proprio come in condizioni di pioggia. Ricorda che il fuoco ha bisogno di ossigeno per prosperare, quindi cerca di proteggerlo dalla neve senza bloccare il flusso d'aria. Dopo aver acceso l'esca, soffiare con attenzione sul fuoco per favorire la fiamma. Quando fa freddo, gli incendi potrebbero aver bisogno di carburante extra per rimanere caldi, quindi tieni molta legna secca a portata di mano. Man mano che l'incendio si sviluppa, continua ad aggiungere ceppi più grandi per sostenerlo, assicurandoti sempre che siano posizionati in modo da consentire la circolazione dell'aria.

Quando si affrontano condizioni ventose, il vento può favorire o ostacolare un incendio. Da un lato, il vento fornisce ossigeno, che aiuta il fuoco a bruciare, ma troppo vento può anche spegnere le fiamme o trasportare scintille, aumentando il rischio che un incendio si diffonda in modo incontrollabile. Per gestire questo problema, scegli un luogo riparato dal vento, ad esempio dietro una roccia o un frangivento naturale. Se non è disponibile un riparo naturale, crea un frangivento utilizzando tronchi, rocce o anche lo zaino.

Posiziona l'esca e la legna vicino al frangivento e posiziona la legna in uno stile addossato, con il lato aperto rivolto lontano dal vento. Questa disposizione aiuta a proteggere il fuoco consentendogli di ricevere un certo flusso d'aria. Tieni d'occhio la direzione del vento, poiché potrebbe cambiare, e, se necessario, regola l'impostazione del fuoco. Un fuoco basso, costruito vicino al suolo, è più resistente al vento di un fuoco alto. Inoltre, evita di aggiungere ceppi di grandi dimensioni troppo presto, poiché possono bloccare il flusso d'aria e causare lo spegnimento del fuoco.

In tutte le condizioni, l'accensione e il mantenimento di un fuoco dipendono dal modo in cui è disposta la legna. Una delle configurazioni più efficaci è la struttura del teepee, dove l'esca è posizionata al centro con piccoli bastoncini disposti a forma di cono attorno ad esso. Questa forma incoraggia le fiamme a muoversi verso l'alto attraverso il legno, permettendo al fuoco di crescere rapidamente. Man mano che il fuoco prende fuoco, aggiungi gradualmente bastoncini e tronchi più spessi, lasciando sempre spazio all'aria per muoversi attraverso la struttura. La struttura addossata, dove i bastoncini sono appoggiati a un tronco o a una roccia più grande, funziona bene anche in condizioni di vento o umidità, poiché fornisce una protezione extra dagli elementi.

Il flusso d'aria è uno dei fattori più cruciali per mantenere vivo un incendio. Gli incendi hanno bisogno di ossigeno per continuare a bruciare, quindi accatastare troppo la legna può soffocare le fiamme. Invece, impilare la legna con degli spazi vuoti per consentire all'aria di raggiungere tutte le parti del fuoco. Anche soffiare sulla brace può aiutare a ravvivare il fuoco se comincia a spegnersi. Quando soffi, mira alla base del fuoco dove si trovano i carboni, poiché questa è la parte più calda del fuoco e può riaccendere il legno sovrastante.

Se il fuoco inizia a diminuire, cerca i segnali che potrebbero aiutarti ad adattarti. Ad esempio, se il fumo è denso ma non ci sono fiamme, il fuoco potrebbe aver bisogno di più ossigeno, quindi prova a riorganizzare la legna per migliorare il flusso d'aria. Se il fuoco non cresce, aggiungi altri legni piccoli e secchi prima di posizionare i tronchi più grandi. La legna umida può causare la combustione senza fiamma, quindi cerca sempre di utilizzare legna secca, anche spezzando i tronchi più grandi in pezzi più piccoli per aiutarli a bruciare più velocemente.

Praticare queste tecniche di accensione del fuoco in diverse condizioni meteorologiche può aumentare la tua sicurezza e aiutarti ad adattarti alla natura selvaggia. Che si tratti di pioggia, neve o vento, essere preparati e sapere come organizzare il fuoco per un flusso d'aria e un isolamento ottimali garantirà un fuoco sostenibile. Accendere il fuoco è sia un'arte che una scienza che richiede pazienza, osservazione e rispetto per le condizioni della natura. Attraverso la pratica, puoi imparare ad accendere un fuoco affidabile in qualsiasi ambiente, rendendo la tua esperienza nel bushcraft più sicura e divertente.

Sicurezza antincendio e rispetto dell'ambiente

Accendere un fuoco nella natura selvaggia è un'abilità che richiede responsabilità e cura. I fuochi possono essere incredibilmente utili all'aperto per riscaldarsi, cucinare e persino segnalare aiuto. Ma se da un lato gli incendi apportano numerosi vantaggi, dall'altro comportano anche dei rischi se non vengono gestiti correttamente. La pratica della sicurezza antincendio e il rispetto dell'ambiente sono essenziali per prevenire incidenti, proteggere la fauna selvatica e preservare la bellezza naturale che ci circonda.

Un aspetto importante della sicurezza antincendio in natura è la scelta di un luogo sicuro per accendere un incendio. Trovare o creare un anello di fuoco è uno dei modi migliori per contenere il fuoco e mantenerlo gestibile. Un anello di fuoco è un'area libera sul terreno, spesso circondata da rocce o scavata nel terreno, progettata per mantenere il fuoco in un punto e impedirne la diffusione. Se ti trovi in un campeggio con un anello antincendio preesistente, è sempre una buona idea usarlo invece di crearne uno nuovo, che può causare un ulteriore impatto sull'ambiente.

Quando scegli un punto in cui costruire un anello di fuoco, cerca un posto lontano da alberi, cespugli o qualsiasi cosa che potrebbe prendere fuoco facilmente, come erba secca o foglie. Una distanza di sicurezza dalla vegetazione può aiutare a prevenire la propagazione delle fiamme, soprattutto se c'è vento. Idealmente, il fuoco dovrebbe essere acceso su terra nuda o ghiaia, poiché questi materiali non prendono fuoco. Se il terreno è coperto di foglie o altri materiali infiammabili, rimuovili per creare un'area sicura per l'incendio.

Una volta impostato l'anello di fuoco, raccogliere i materiali giusti è il passo successivo. Utilizzare sempre legna morta e distesa a terra. Tagliare alberi vivi o rami per ricavare legna da ardere non solo è dannoso per l'ambiente ma è anche meno efficace, poiché il legno verde non brucia bene e crea più fumo che calore. Raccogli piccoli ramoscelli e rami per esca e legna da ardere e pezzi di legno morti più grandi come combustibile. Ricorda di raccogliere solo ciò di cui hai bisogno, poiché una raccolta eccessiva può influire sull'ecosistema dell'area.

Dopo aver acceso il fuoco, è essenziale tenerlo sotto controllo e monitorarlo attentamente. Non lasciare mai il fuoco incustodito, anche se ti allontani solo per pochi minuti. Il vento o uno spostamento improvviso del carburante possono causare una rapida propagazione dell'incendio. Tenere un secchio d'acqua o una pala nelle vicinanze è una precauzione intelligente. Se l'incendio diventa più grande del previsto, puoi utilizzare l'acqua o il terreno per riportarlo sotto controllo. Accendi solo un fuoco grande quanto ti serve; gli incendi più grandi sono più difficili da controllare e richiedono più risorse.

Quando sei pronto per spegnere l'incendio, ci sono diversi passaggi per assicurarti che sia completamente spento. Inizia spruzzando acqua sulla brace, non versandola tutta in una volta, poiché ciò potrebbe creare vapore e potrebbe schizzare cenere calda intorno. Mescola la cenere con un bastone o una pala per esporre eventuali braci nascoste, quindi aggiungi altra acqua e continua a mescolare finché il fuoco non sarà freddo al tatto. È fondamentale palpare il terreno attorno all'area dell'incendio per assicurarsi che non rimanga calore, poiché anche una piccola brace può riaccendere il fuoco ore dopo.

Spegnere completamente il fuoco fa parte del principio "non lasciare traccia", una serie di linee guida progettate per ridurre al minimo l'impatto umano sull'ambiente. Non lasciare traccia significa lasciare il deserto così come l'hai trovato, senza alcun segno che eri lì. Quando si tratta di incendi, ciò significa assicurarsi che non rimangano braci accese e, se possibile, spargere le ceneri fredde per eliminare ulteriormente le tracce del fuoco. Se hai utilizzato le rocce per creare un anello di fuoco, riportale nella loro posizione naturale per ripristinare l'aspetto originale dell'area.

Rispettare l'ambiente significa anche essere attenti alla fauna selvatica. Gli animali fanno affidamento sui loro habitat per cibo, riparo e sopravvivenza, quindi disturbare il loro spazio può avere effetti negativi. Gli incendi possono allontanare gli animali dalle loro case e inquinare l'aria con il fumo. Seguendo le pratiche di sicurezza antincendio e non lasciando tracce, aiuti a proteggere la fauna selvatica e a mantenere indisturbati i loro habitat.

Osservare sempre gli animali a distanza ed evitare rumori forti o azioni che potrebbero causare loro stress o danni.

La sicurezza antincendio non significa solo prevenire gli incidenti; si tratta anche di prevenire gli incendi. Un piccolo falò che si estende alla vegetazione vicina può rapidamente trasformarsi in un grande incendio, che può distruggere le foreste, danneggiare gli animali e mettere a rischio la vita delle persone. In alcune zone, soprattutto durante la stagione secca, i fuochi da campo potrebbero essere vietati per ridurre il rischio di incendi. Controlla sempre le norme antincendio locali prima di appiccare un incendio, poiché diverse regioni hanno regole diverse per proteggere i loro paesaggi.

Oltre a seguire le norme antincendio, educare te stesso e gli altri sull'uso responsabile del fuoco può fare una grande differenza. Insegnare ad amici e familiari la sicurezza antincendio, mostrare loro come spegnere correttamente un incendio e incoraggiare il rispetto per la natura crea una cultura di cura e responsabilità. Quando tutti seguono queste pratiche, ciò aiuta a mantenere i nostri spazi naturali sicuri e godibili per tutti.

La pratica della sicurezza antincendio e il rispetto dell'ambiente vanno di pari passo nel bushcraft. Scegliendo un luogo sicuro, costruendo un adeguato anello di fuoco e utilizzando solo le risorse di cui hai bisogno, riduci al minimo il tuo impatto sul territorio. Monitorare il fuoco, estinguerlo completamente e non lasciare tracce, protegge sia l'ambiente che la fauna selvatica che lo ospita. E seguendo le normative locali e insegnando agli altri, contribuisci a preservare questi spazi selvaggi per le generazioni a venire. Ricorda, ogni azione che compiamo nella natura selvaggia lascia un segno, quindi è nostra responsabilità assicurarci che quel segno sia fatto di cura e rispetto.

CAPITOLO 3

Elementi essenziali per la costruzione di rifugi

Selezione delle posizioni dei rifugi e valutazione delle condizioni del sito

Trovare il posto giusto per costruire un rifugio nella natura selvaggia è una delle abilità più importanti da padroneggiare per chiunque stia imparando il bushcraft. Scegliere un luogo di rifugio sicuro significa comprendere l'ambiente, sapere cosa cercare in un sito ed essere consapevoli dei fattori che possono influire sul comfort e sulla sicurezza. Una posizione ben scelta può aiutarti a proteggerti dagli elementi e dai rischi naturali, facilitando il riposo e la sensazione di sicurezza all'aria aperta.

Quando scegli un luogo in cui rifugiarti, le condizioni meteorologiche dovrebbero essere una delle tue considerazioni principali. In un'area in cui è probabile la pioggia, cerca un punto che abbia una copertura naturale, ad esempio sotto grandi alberi o accanto a sporgenze rocciose. Tuttavia, evitare di posizionarsi direttamente sotto gli alberi con rami deboli o spezzati, poiché potrebbero cadere inaspettatamente. In condizioni di freddo, scegliere un punto in cui puoi costruire un frangivento o utilizzare elementi naturali per bloccare il vento ti aiuterà a mantenerti più caldo. Essere consapevoli della direzione del vento è fondamentale anche per il controllo del fumo se si prevede di avere un incendio nelle vicinanze. I luoghi di riparo lontani dai venti dominanti possono fare una grande differenza per stare al caldo e ridurre l'esposizione al vento gelido.

La vicinanza all'acqua è un altro fattore importante nella valutazione di un sito. Idealmente, il tuo rifugio dovrebbe essere abbastanza vicino a una fonte d'acqua, come un ruscello o un lago, per accedere facilmente all'acqua per bere e cucinare.

Tuttavia, posizionarsi troppo vicino può esporti al rischio di inondazioni e alla presenza di più fauna selvatica. La scelta di una posizione a distanza di sicurezza, ad esempio da 100 a 200 piedi di distanza, bilancia un facile accesso all'acqua evitando il rischio di traboccamento o umidità eccessiva, che può rendere il terreno freddo e umido. Inoltre, considera il terreno e il drenaggio dell'area. Evita i punti bassi come burroni, fossati o aree che potrebbero raccogliere acqua in caso di forti piogge. Il terreno rialzato è generalmente una scelta migliore, poiché offre un migliore drenaggio e riduce la possibilità che si formino ristagni d'acqua sotto il rifugio.

Oltre al tempo e all'acqua, è essenziale pensare al terreno stesso. Il terreno pianeggiante è il luogo più semplice e comodo su cui allestire un rifugio, quindi cerca aree che non abbiano troppe rocce, radici o zone irregolari che potrebbero disturbare il tuo sonno. Le aree in pendenza potrebbero sembrare allettanti perché possono fornire un drenaggio naturale, ma dormire su un pendio è scomodo e può portare a un riposo scarso. Quando selezioni un punto, prenditi qualche minuto per rimuovere eventuali rocce sciolte, ramoscelli o altri detriti dall'area. Questo semplice passaggio può rendere il rifugio più confortevole e ridurre anche la possibilità di attirare insetti o altre piccole creature che potrebbero nascondersi sotto i detriti.

È anche saggio valutare un potenziale sito di rifugio per eventuali pericoli nelle vicinanze. Fai attenzione ai segni di attività degli animali, poiché costruire il tuo rifugio vicino a sentieri o tane di animali attivi può disturbare la fauna selvatica e persino metterti a rischio di incontri inaspettati. Tracce, escrementi e sentieri nel sottobosco indicano che gli animali frequentano frequentemente l'area. Se vedi molti di questi indicatori, è meglio trovare un altro posto per evitare incontri accidentali che potrebbero interrompere la routine del tuo accampamento o degli animali.

I pericoli naturali come la caduta di massi o le valanghe sono altri rischi di cui essere consapevoli, soprattutto se ti trovi in una zona montuosa o rocciosa. Evita di allestire il campo direttamente sotto ripide scogliere o formazioni rocciose sciolte che potrebbero rappresentare un pericolo se si spostano. Allo stesso modo, nelle zone in cui è presente la neve, evitare i punti in cui la neve potrebbe accumularsi o scivolare, poiché ciò potrebbe portare a situazioni pericolose in caso di valanga. Essere consapevoli di questi fattori ambientali e comprendere il terreno può fare una differenza significativa per la tua sicurezza.

Considera la vegetazione attorno al tuo potenziale sito. L'erba alta e il fitto sottobosco possono fornire riparo dal vento e creare un'atmosfera accogliente. Possono però nascondere anche insetti e piccoli animali che potrebbero diventare fastidiosi. Le aree con un equilibrio di spazio aperto e alcuni alberi o cespugli vicini funzionano bene come siti di rifugio. Offrono una protezione naturale senza immergerti nel folto della vegetazione. Inoltre, se prevedi di utilizzare la legna per costruire il tuo rifugio o per la legna da ardere, avere degli alberi nelle vicinanze può facilitare la raccolta di queste risorse.

Scegliere un luogo in cui rifugiarsi in natura richiede pazienza, osservazione e una buona conoscenza dell'ambiente naturale. Prendendoti del tempo per considerare fattori come il tempo, l'accesso all'acqua, il terreno e i potenziali pericoli, aumenterai le tue possibilità di un riposo notturno confortevole e sicuro. Ciò non solo migliora l'esperienza del bushcraft, ma dimostra anche il rispetto per l'ambiente e i suoi abitanti. Praticare queste abilità ti aiuta a connetterti con la natura rimanendo consapevole del tuo impatto, permettendoti di goderti la natura selvaggia in modo responsabile e sicuro.

Tipi di rifugio di base: dalle tettoie alle strutture ad A

Imparare a costruire diversi tipi di rifugi è una delle abilità più preziose nel bushcraft. Quando trascorri del tempo nella natura, un rifugio ben costruito ti protegge dagli agenti atmosferici come pioggia, vento e freddo, fornendoti un luogo sicuro e confortevole dove riposare. Ogni tipo di rifugio ha una struttura unica e ha uno scopo particolare in base all'ambiente e ai materiali disponibili. Qui esploreremo tre tipi fondamentali di rifugi – tettoie, strutture ad A e capanne per detriti – e ti guideremo su come costruirli ciascuno, dalla raccolta dei materiali alla creazione di supporto strutturale.

Un rifugio a tettoia è uno dei rifugi più semplici e veloci da costruire e funziona bene in molte situazioni all'aperto. Una tettoia è costituita da un tetto inclinato che si appoggia a una struttura naturale, come una roccia o un albero caduto. Per prima cosa, trova un robusto supporto orizzontale, come un grosso ramo o un tronco d'albero, che funga da spina dorsale del tuo rifugio. Questo ramo dovrebbe essere posizionato orizzontalmente tra due alberi o sostenuto da rocce su entrambi i lati se gli alberi non sono disponibili. Una volta posizionato il supporto principale, raccogli lunghi rami o bastoncini e appoggiali al supporto orizzontale. Questi bastoncini inclinati formeranno la struttura di base della tua tettoia.

Per completare la tua tettoia, devi coprire i pali inclinati per fornire protezione dalle intemperie. Usa materiali come foglie, rami di pino o qualsiasi fogliame naturale che trovi nelle vicinanze. Questa copertura, o "paglia", isolerà il rifugio e manterrà fuori pioggia o neve. Posiziona i rami frondosi o il fogliame in strati sovrapposti, partendo dal basso e procedendo verso l'alto, come le tegole su un tetto. Assicurati che la copertura sia abbastanza spessa da bloccare il vento e la pioggia, ma non così densa da crollare sotto il suo peso. Se ti trovi in una zona ventosa, puoi fissare i rami legandoli al supporto principale utilizzando rampicanti o spago, se disponibili. La tettoia fornisce un riparo aperto, offrendo un buon flusso d'aria, ma potrebbe non tenerti al caldo quando fa molto freddo poiché è aperta su un lato.

Un rifugio con struttura ad A è un altro popolare rifugio per bushcraft che fornisce una copertura maggiore rispetto a una tettoia. Ricorda la forma della lettera "A" ed è un'ottima scelta in caso di tempo ventoso o freddo, poiché offre maggiore protezione su entrambi i lati. Inizia trovando due rami robusti che puoi posizionare verticalmente, appoggiandoli a un albero o usando delle rocce per sostenerli. Collega questi rami in alto posizionando un ramo orizzontale più lungo su di essi per formare la cresta principale. Questa cresta funge da spina dorsale per il tuo rifugio con struttura ad A.

Una volta posizionata la cresta, raccogli altri rami o bastoncini lunghi e posizionali ad angolo su entrambi i lati della cresta, formando la forma ad

"A". Questi rami angolati sosterranno le pareti del rifugio. Per aumentare la resistenza alle intemperie, ricopri il telaio con materiali naturali, proprio come faresti con una tettoia. Usa spessi strati di foglie, aghi di pino o corteccia per creare una copertura solida, assicurando che la pioggia o la neve scivolino via dal rifugio invece di penetrare all'interno. Un rifugio con struttura ad A è più chiuso di una tettoia e aiuta a trattenere il calore corporeo e a proteggere dal vento. Tuttavia, la sua costruzione richiede più tempo e materiali.

La capanna dei detriti è un tipo di rifugio più avanzato progettato per offrire il massimo isolamento e protezione. Questo rifugio è ideale per la stagione fredda, poiché utilizza strati di detriti naturali, come foglie e rami, per intrappolare il calore e creare un ambiente accogliente. Inizia posizionando un ramo o un tronco lungo e spesso orizzontalmente tra due punti di supporto, come una roccia e un albero. Quindi, appoggia i rami più piccoli ad angolo rispetto a questo ramo principale per formare una struttura, simile a una struttura ad A ma interamente chiusa.

Per costruire le pareti della capanna di detriti, ammucchia foglie, erba e altri materiali naturali sul telaio. Questa copertura deve essere molto più spessa di quella utilizzata per una tettoia o una struttura ad A, poiché il suo scopo è intrappolare il calore e isolare l'interno. Più spesse sono le pareti, più caldo sarà il rifugio. Per entrare nella capanna creare un piccolo ingresso lasciando un varco nella parte anteriore. Puoi chiudere questo ingresso con ulteriori detriti una volta che sei dentro, sigillando il calore. A differenza degli altri rifugi, la capanna dei detriti è pensata per essere completamente chiusa, rendendola l'opzione migliore per condizioni molto fredde. Richiede più tempo e impegno per la costruzione, ma fornisce un eccellente isolamento e ti mantiene ben protetto dagli elementi.

Ogni tipo di rifugio ha i suoi punti di forza e funziona meglio in condizioni diverse. La tettoia è facile da costruire e ideale per i climi più caldi o quando è necessario un riparo rapido. Permette il flusso d'aria ma potrebbe non trattenere molto calore. Il telaio ad A è più protettivo, con copertura su entrambi i lati, rendendolo adatto alle condizioni più fredde o ventose. Ci vuole un po' più di tempo per la costruzione ma offre un migliore isolamento. La capanna dei detriti, anche se richiede più manodopera, fornisce il massimo livello di isolamento, essenziale quando le temperature sono gelide. Comprendere questi tipi di rifugio di base e sapere quando utilizzarli è una parte fondamentale del bushcraft.

La costruzione di questi rifugi non solo insegna abilità pratiche ma promuove anche il rispetto per l'ambiente naturale. Quando utilizzi materiali che trovi in natura, ti connetti con la natura in modo significativo, apprezzando le risorse che offre e riducendo al minimo l'impatto. Bushcraft ti incoraggia a prendere solo ciò di cui hai bisogno e a lasciare la minima traccia possibile, assicurando che questi splendidi paesaggi rimangano preservati affinché le generazioni future possano goderne. Mentre pratichi queste tecniche di costruzione di rifugi, non solo impari le abilità di sopravvivenza, ma rafforzi anche il tuo legame con la natura selvaggia.

Rifugi improvvisati con materiali naturali

I rifugi improvvisati sono abilità di sopravvivenza essenziali nel bushcraft, poiché forniscono protezione dagli elementi utilizzando solo le risorse naturali intorno a te. Questi tipi di rifugi sono costruiti con materiali come rami, foglie, corteccia e altri detriti che puoi trovare in una foresta o in un ambiente naturale. Costruire rifugi improvvisati ti insegna come adattarti a diversi ambienti e condizioni utilizzando ciò che è disponibile. Questa abilità non solo ti prepara alla sopravvivenza nella natura selvaggia, ma approfondisce anche il tuo rispetto per la natura e le sue risorse. Qui esploreremo come costruire e migliorare rifugi improvvisati, concentrandoci sulle tecniche di isolamento, impermeabilizzazione e protezione dal vento per garantire che il tuo rifugio sia il più sicuro e confortevole possibile.

Quando si costruisce un rifugio improvvisato, il primo passo è selezionare i materiali giusti. I rami sono essenziali poiché fungono da struttura, creando lo scheletro del tuo rifugio. Avrai bisogno sia di rami spessi per la struttura principale, sia di rami più sottili per colmare gli spazi vuoti o aggiungere stabilità. Foglie, aghi di pino o qualsiasi fogliame morbido forniscono isolamento, intrappolando il calore all'interno del rifugio. Corteccia, muschio o grandi pezzi di foglie, come quelli di felci o palme, sono ottimi anche per impermeabilizzare, mantenendo la pioggia o la neve fuori dal tuo rifugio. Se ti trovi in un'area con una fitta foresta, cerca rami e foglie caduti come materiale principale; questi sono spesso più secchi e più accessibili rispetto all'estrazione di rami freschi.

Una volta raccolti i materiali, decidi il tipo di rifugio che costruirai. Un rifugio improvvisato è un'opzione semplice e veloce. Inizia trovando un robusto ramo orizzontale o un tronco d'albero su cui appoggiare altri rami. Posiziona questo ramo ad angolo contro un altro albero o una roccia, formando il supporto principale. Successivamente, appoggia i rami spessi contro il supporto orizzontale, creando un muro inclinato. L'angolo aiuta a defluire l'acqua piovana, mantenendo l'interno asciutto. Copri il muro inclinato con rami più piccoli e poi ammucchia sopra foglie, aghi di pino o felci per isolarlo. Questo approccio a strati aiuta a intrappolare l'aria, creando calore e impedendo al vento di entrare nel rifugio.

Se ti trovi in un ambiente più freddo, valuta la possibilità di costruire una capanna di detriti. Questo tipo di rifugio è completamente chiuso, garantendo un eccellente isolamento e intrappolando il calore corporeo. Inizia con un ramo lungo e spesso posizionato orizzontalmente tra due supporti, come un albero o delle rocce. Inclina i rami più piccoli su entrambi i lati di questo ramo principale per creare una forma triangolare, formando la struttura. Copri questa struttura con uno spesso strato di foglie, muschio o aghi di pino per l'isolamento, accumulando strati fino a coprire completamente il rifugio. Uno strato più spesso di detriti è migliore in condizioni di freddo, poiché mantiene il calore all'interno e impedisce il passaggio del vento. Una volta che il rifugio è completamente coperto, aggiungi altri detriti all'interno, creando un letto morbido e isolante. Avrai un piccolo ingresso, che potrai sigillare con altri detriti o un grosso pezzo di corteccia una volta dentro, mantenendo il calore all'interno.

L'isolamento è fondamentale in tutti i rifugi improvvisati, soprattutto in condizioni di freddo. Isolare il tuo rifugio aiuta a trattenere il calore corporeo, rendendo lo spazio molto più caldo. Foglie, aghi di pino ed erba secca sono ottimi per l'isolamento, poiché intrappolano le sacche d'aria, che agiscono come barriere naturali contro il freddo. Più strati aggiungi, migliore sarà l'isolamento del tuo rifugio. Inoltre, l'aggiunta di strati di foglie o aghi di pino sul pavimento crea una zona notte calda e confortevole, prevenendo la perdita di calore dal suolo.

L'impermeabilità è altrettanto importante, soprattutto se piove o nevica. In questo caso sono utili materiali naturali come la corteccia, le foglie larghe e le felci. Questi materiali sono naturalmente resistenti all'acqua e aiutano a prevenire l'infiltrazione di umidità nel rifugio. Metti la corteccia o le foglie grandi sopra i rami o i detriti che coprono il tuo rifugio, assicurandoti che si sovrappongano come tegole su un tetto. Questa disposizione consente alla pioggia di scivolare via senza penetrare. In condizioni di pioggia, è anche saggio costruire una piccola trincea attorno al rifugio per deviare l'acqua, impedendo che scorra all'interno. Questo passaggio mantiene l'interno del rifugio asciutto e confortevole, anche in caso di pioggia.

Se ti trovi in una zona aperta o ventosa, è necessario proteggere il tuo rifugio dal vento. Il vento può ridurre rapidamente il calore all'interno di un rifugio, rendendolo scomodo e persino pericoloso nei climi più freddi. Per bloccare il vento, posizionare il riparo con l'apertura rivolta nella direzione opposta al vento. Questa posizione riduce la quantità di aria fredda in ingresso. L'aggiunta di uno spesso strato di foglie o detriti su tutti i lati del rifugio fornisce una protezione aggiuntiva, impedendo il passaggio delle raffiche di vento. Nelle zone con vento intenso, utilizzare rocce o rami pesanti per rinforzare le pareti ed evitare che i materiali vengano volati via. L'aggiunta di più peso alla struttura la rende più robusta e ha meno probabilità di crollare in caso di vento forte.

I rifugi improvvisati possono essere adattati a diverse situazioni e condizioni meteorologiche.

Nella stagione calda, utilizzare meno strati di detriti per consentire il flusso d'aria, evitando che il rifugio diventi troppo caldo. Quando fa più freddo, accumula quanti più strati possibile, concentrandoti sull'isolamento e sulla protezione dal vento. Ogni rifugio dovrebbe essere adattato all'ambiente circostante, utilizzando tutte le risorse naturali disponibili. Bushcraft incoraggia la creatività e la risoluzione dei problemi, insegnandoti come valutare il tuo ambiente e sfruttare ciò che la natura offre.

Costruire rifugi improvvisati favorisce una comprensione e un rispetto più profondi per la natura. Facendo affidamento sulle risorse naturali, impari ad apprezzare ciò che la natura selvaggia offre, comprendendo al tempo stesso l'importanza della conservazione. Utilizzare rami e foglie caduti invece di tagliare quelli freschi riduce l'impatto ambientale, aiutando a mantenere l'equilibrio naturale. Man mano che pratichi queste abilità di costruzione di rifugi, diventi più consapevole di come interagire con la natura in modo responsabile, prendendo solo ciò di cui hai bisogno e lasciando tracce minime.

I rifugi improvvisati non riguardano solo la sopravvivenza; si tratta di connettersi con l'ambiente e imparare ad adattarsi ai ritmi della natura. Ogni rifugio che costruisci rafforza il tuo legame con l'esterno, aiutandoti a diventare più intraprendente, resiliente e consapevole del mondo che ti circonda. Padroneggiando queste tecniche, acquisirai fiducia nella tua capacità di gestire la natura selvaggia, sapendo che puoi creare un rifugio sicuro utilizzando nient'altro che le risorse fornite dalla natura.

CAPITOLO 4

Trovare e purificare l'acqua

Identificazione di fonti d'acqua sicure in natura

L'acqua è uno degli elementi cruciali per la sopravvivenza e trovare una fonte sicura è essenziale quando si è immersi nella natura. Bere acqua direttamente da fonti naturali senza assicurarsi che sia sicura può portare a seri problemi di salute. Sapere come identificare le fonti d'acqua sicure può fare la differenza quando sei nella natura selvaggia, aiutandoti a rimanere idratato senza metterti a rischio.

Uno dei migliori tipi di fonti d'acqua da cercare in natura è l'acqua corrente, come fiumi, ruscelli e sorgenti. L'acqua corrente è generalmente più sicura dell'acqua ferma perché è in costante movimento, il che impedisce a molti organismi nocivi di accumularsi in un unico posto. Quando l'acqua scorre, ha meno possibilità di ristagnare, il che significa che è meno probabile che diventi terreno fertile per batteri, virus e parassiti. Se ti trovi vicino a un fiume o un ruscello che scorre, prova a raccogliere l'acqua dal centro del flusso, dove solitamente è più pulita che ai bordi.

Le sorgenti sono un'altra eccellente fonte d'acqua nella natura selvaggia. Le sorgenti si verificano quando l'acqua scorre naturalmente in superficie da una fonte sotterranea. Quest'acqua viene generalmente filtrata attraverso strati di terreno e roccia, che possono rimuovere molte impurità. Se incontri una sorgente, spesso è una fonte d'acqua affidabile poiché ha trascorso del tempo filtrata sottoterra. Tuttavia, se possibile, dovresti comunque trattare o purificare l'acqua, soprattutto se non sei sicuro della sua purezza.

Sebbene le fonti d'acqua corrente come fiumi, ruscelli e sorgenti siano generalmente più sicure, ci sono comunque alcuni segnali di allarme di cui dovresti essere consapevole. Evita l'acqua che sembra torbida, ha un colore strano o un odore insolito. Lo scolorimento, soprattutto una tinta verdastra o brunastra, può essere un segno di contaminazione da alghe o sostanze inquinanti. Se vedi schiuma, olio o strane sostanze galleggiare sulla superficie, è una buona idea trovare una fonte diversa. Questi segnali indicano che qualcosa di dannoso potrebbe essere entrato nell'acqua, rendendola pericolosa da bere senza un trattamento adeguato.

Presta attenzione anche a ciò che c'è intorno alla fonte d'acqua. Se noti escrementi di animali, pesci morti o altri segni di inquinamento nelle vicinanze, potrebbe significare che l'acqua è contaminata. Gli animali spesso bevono da fonti d'acqua naturali e, sebbene ciò sia normale, i loro escrementi o anche gli animali morti nelle vicinanze potrebbero introdurre batteri e parassiti nell'acqua. È saggio evitare di bere da fonti vicine a questi segnali per ridurre il rischio di ammalarsi.

L'acqua stagnante, cioè l'acqua che non si muove né scorre, in genere non è sicura da bere. Ciò include pozzanghere, stagni e acqua intrappolata in piccole depressioni o buchi. L'acqua stagnante ha maggiori probabilità di contenere batteri, virus e parassiti dannosi perché non ha l'effetto purificante naturale del movimento. L'acqua stagnante diventa spesso un terreno fertile per insetti, come le zanzare, che possono diffondere malattie. Se vedi che l'acqua non scorre, è meglio cercare una fonte alternativa, se possibile.

Un altro aspetto importante per identificare le fonti d'acqua sicure è comprendere il territorio e come si comporta l'acqua nei diversi ambienti. Nelle zone montuose o collinari, l'acqua spesso si raccoglie nelle valli o nelle aree più basse dopo essere defluita da quote più elevate. Questo è generalmente un buon posto per iniziare a cercare l'acqua. Prestare attenzione, tuttavia, alle fonti d'acqua a valle delle aree popolate o dei siti industriali, poiché possono trasportare sostanze inquinanti. Le fonti ad alta quota sono spesso più pulite e hanno meno probabilità di essere contaminate dalle attività umane.

Nelle aree boschive, spesso si possono trovare ruscelli e fiumi che scorrono attraverso il paesaggio, e si può anche trovare acqua intrappolata nelle cavità degli alberi dopo la pioggia. Sebbene a volte possano fornire acqua, è comunque importante purificarla poiché le cavità degli alberi potrebbero raccogliere batteri e insetti. Nelle zone costiere, le fonti d'acqua dolce possono apparire vicino alla costa sotto forma di sorgenti o ruscelli. Sii cauto, però, poiché l'acqua vicino all'oceano a volte può essere salmastra, il che significa che è mescolata con acqua salata e non è sicura da bere senza un'adeguata desalinizzazione.

I segni naturali nell'ambiente a volte possono portarti all'acqua. Gli uccelli volano spesso verso le fonti d'acqua, soprattutto al mattino presto e nel tardo pomeriggio. Seguire le tracce degli animali, soprattutto quelle di animali più grandi come i cervi, a volte può portarti all'acqua, poiché gli animali visitano spesso le stesse fonti. Anche gli insetti sono solitamente più abbondanti attorno alle fonti d'acqua. Se noti un aumento di insetti come mosche e zanzare, potrebbe esserci una fonte d'acqua nelle vicinanze, anche se dovresti evitare l'acqua brulicante di insetti poiché potrebbe non essere sicura.

Una volta individuata una potenziale fonte d'acqua, prenditi un momento per valutarla prima di berla. Cerca segni di contaminazione o qualsiasi cosa che sembri fuori posto. Anche se una fonte d'acqua sembra pulita, ricorda che molti microrganismi dannosi sono invisibili a occhio nudo. Ecco perché purificare l'acqua, per quanto limpida appaia, è essenziale per la salute e la sicurezza.

Bere acqua non trattata può portare a malattie trasmesse dall'acqua, che possono causare sintomi come crampi allo stomaco, vomito e diarrea. In un ambiente selvaggio, questi sintomi possono rendere più difficile continuare il viaggio e persino portare alla disidratazione. Facendo attenzione alle fonti d'acqua e scegliendo solo le opzioni più sicure, riduci la possibilità di contrarre queste malattie.

Tieni presente che anche quando trovi una fonte d'acqua apparentemente sicura, è una buona idea purificare l'acqua prima di berla. Questo può essere fatto attraverso bollitura, filtrazione o trattamenti chimici. L'ebollizione è uno dei metodi più efficaci perché uccide la maggior parte dei batteri e dei parassiti dannosi. Se non riesci a bollire, i filtri per l'acqua portatili e le compresse per la purificazione sono alternative utili che puoi facilmente portare nello zaino.

Identificare fonti d'acqua sicure in natura è un'abilità preziosa per chiunque trascorra del tempo all'aria aperta. Sapere dove guardare e cosa evitare può mantenerti idratato e in salute, permettendoti di goderti il tempo trascorso nella natura selvaggia senza rischi inutili. Comprendendo i segnali di una fonte d'acqua sicura e imparando a evitare potenziali contaminanti, puoi bere con sicurezza e fare un grande passo avanti verso la padronanza delle basi del bushcraft e della sopravvivenza all'aria aperta.

Tecniche per la raccolta e la filtrazione dell'acqua

Raccogliere e filtrare l'acqua nella natura selvaggia è essenziale per rimanere sani e salvi. Sebbene trovare fonti d'acqua sia fondamentale, sapere come raccogliere e filtrare quest'acqua correttamente ti aiuterà a evitare di bere qualcosa di dannoso. Esistono molti modi creativi ed efficaci per raccogliere l'acqua in natura, anche se non ci sono fiumi o ruscelli nelle vicinanze. Inoltre, le tecniche di filtrazione di base possono fare una grande differenza nella pulizia dell'acqua che bevi, assicurandoti di rimanere idratato senza mettere a rischio la tua salute.

Uno dei metodi più semplici per la raccolta dell'acqua è l'utilizzo della raccolta della pioggia. L'acqua piovana è spesso una delle fonti d'acqua naturali più pulite perché è priva di molti contaminanti presenti nelle fonti sotterranee. Per raccogliere l'acqua piovana puoi utilizzare oggetti che hai già con te, come un telo, un poncho o anche foglie grandi. Se hai un telo, puoi sistemarlo per raccogliere la pioggia legandolo tra gli alberi e posizionandolo con una leggera angolazione in modo che l'acqua scorra in un contenitore. Se non avete un contenitore potete scavare una piccola fossa nel terreno per raccogliere l'acqua. Questo metodo è molto efficace perché può raccogliere una grande quantità di acqua durante un temporale. Assicurati solo di berlo il prima possibile o di conservarlo in un contenitore pulito.

Se non piove, anche le piante possono essere un'ottima fonte d'acqua. Un metodo è raccogliere la rugiada dalle piante al mattino. La rugiada si forma sull'erba e sulle foglie durante la notte e puoi raccoglierla asciugando l'umidità con un panno o una spugna e poi strizzandola in un contenitore. Anche se questo metodo potrebbe non produrre una grande quantità di acqua, può essere utile nelle aree aride dove le altre fonti sono scarse.

Un altro metodo di raccolta a base vegetale prevede l'utilizzo di sacchi traspiranti. Le piante rilasciano vapore acqueo attraverso le foglie, un processo chiamato traspirazione. Per catturare quest'acqua, posiziona un sacchetto di plastica trasparente su un ramo frondoso e legalo saldamente attorno alla base del ramo. Il calore del sole farà sì che la pianta rilasci vapore acqueo, che si condenserà all'interno del sacchetto, creando acqua potabile. Questo metodo funziona meglio con piante e arbusti verdi e frondosi, ed è una buona tecnica da utilizzare quando rimani in una zona per un po'. Assicurati solo di non danneggiare la pianta ed evita di usare piante che sembrano malsane, poiché potrebbero rilasciare sostanze non sicure da bere.

Una volta raccolta l'acqua, è importante filtrarla prima di berla, soprattutto se viene raccolta da fonti sotterranee come fiumi, ruscelli o persino acqua piovana raccolta in determinate aree. La filtrazione aiuta a rimuovere sporco, foglie, insetti e altri detriti. Sebbene il filtraggio non rimuova tutti i microrganismi dannosi, è un passo cruciale per rendere l'acqua più pulita e sicura da bere.

Un metodo semplice per filtrare l'acqua è utilizzare un panno. Versa l'acqua attraverso un pezzo di stoffa pulita, come una bandana o una maglietta, che intrappolerà le particelle più grandi. Potrebbe essere necessario versare l'acqua attraverso il panno alcune volte per renderlo più limpido. Questo metodo di filtraggio di base è facile da configurare e spesso rappresenta un buon primo passo prima di passare ad altri metodi di purificazione. Ricorda che questo passaggio da solo non rimuoverà batteri o virus, ma è un modo rapido per eliminare lo sporco visibile.

Un'altra tecnica di filtrazione efficace prevede l'utilizzo di sabbia e ghiaia. Questo metodo si ispira ai processi di filtrazione naturali, come quelli che si verificano quando l'acqua si muove attraverso strati di terreno. Per realizzare un filtro a sabbia, avrai bisogno di un contenitore, come una bottiglia di plastica o anche un bastoncino scavato. Taglia il fondo della bottiglia e metti uno strato di carbone sul fondo (se ce l'hai), seguito da sabbia e poi ghiaia. Versare l'acqua nella parte superiore della bottiglia e lasciarla passare attraverso ogni strato. La ghiaia e la sabbia cattureranno particelle e detriti, mentre il carbone può aiutare a rimuovere alcune impurità. Ripeti questo procedimento alcune volte finché l'acqua non apparirà limpida.

Se hai accesso al carbone, può migliorare significativamente il tuo filtro. Il carbone ha proprietà purificanti naturali, che possono aiutare a ridurre i contaminanti. Puoi produrre carbone bruciando la legna in modo controllato finché non diventa nera ma non si trasforma in cenere. Schiaccia il carbone in piccoli pezzi e mettilo nel filtro insieme a sabbia e ghiaia. Il carbone può aiutare ad assorbire alcune impurità, sebbene non rimuova tutti i microrganismi dannosi.

Un'altra tecnica di filtrazione consiste nell'utilizzare un bastoncino o un gambo cavo di una pianta come filtro di paglia. Per fare questo, posiziona un piccolo pezzo di stoffa all'interno del tubo cavo, seguito da sabbia, carbone e ghiaia, sovrapponendoli proprio come nel metodo del filtro della bottiglia. Questo filtro a cannuccia può essere utile se hai bisogno di bere direttamente da una fonte come un ruscello e non hai tempo per raccogliere e purificare l'acqua.

Per raccogliere l'acqua da fonti più impegnative come pozzanghere fangose o piscine stagnanti, l'utilizzo di un metodo a sifonamento può aiutarti a raggiungere acqua più pulita. Posiziona un contenitore più in alto dell'acqua fangosa e inserisci un pezzo di stoffa per assorbire l'acqua più limpida dallo strato superiore. Questa operazione potrebbe richiedere un po' di tempo, ma consente di raccogliere l'acqua con meno sedimenti.

Anche con la filtrazione, valuta sempre la possibilità di purificare l'acqua in un secondo momento per assicurarti che sia sicura. L'ebollizione è il modo più efficace per uccidere batteri e virus. Se non puoi bollire, prendi in considerazione depuratori d'acqua portatili, tablet o filtri UV. Anche se questi potrebbero non essere metodi tradizionali, sono molto efficaci se puoi accedervi.

Raccogliere e filtrare l'acqua in modo efficace può mantenerti idratato e sano durante qualsiasi avventura all'aria aperta. Utilizzando tecniche semplici come la raccolta della pioggia, sacche traspiranti e filtri naturali, puoi raccogliere e pulire l'acqua per soddisfare le tue esigenze in natura. Sapere come utilizzare ciò che ti circonda per la raccolta e la filtrazione dell'acqua può fare una grande differenza, permettendoti di essere sicuro e autosufficiente nel rispetto dell'ambiente naturale.

Metodi di purificazione semplici per un consumo sicuro

Purificare l'acqua è un'abilità essenziale per mantenersi in salute quando si è in mezzo alla natura. Anche l'acqua che sembra limpida può contenere batteri, virus o parassiti dannosi che possono farti ammalare gravemente se la bevi senza purificarla. Esistono diversi metodi per purificare l'acqua, ognuno con i suoi vantaggi e limiti. La scelta del metodo giusto dipende dalle tue risorse, dal tipo di contaminanti con cui potresti avere a che fare e dalle condizioni dell'ambiente circostante. Qui esploreremo tre metodi efficaci e semplici per rendere l'acqua sicura da bere: bollitura, purificazione chimica e disinfezione solare. Capire quando e come utilizzare questi metodi ti aiuterà a rimanere al sicuro e idratato.

Uno dei modi più affidabili per purificare l'acqua è bollirla. L'ebollizione uccide la maggior parte dei batteri, virus e parassiti, rendendolo uno dei metodi più sicuri per purificare l'acqua in natura. Per far bollire l'acqua, hai bisogno di una fonte di calore, come un falò o un fornello portatile, e un contenitore che possa resistere alle alte temperature, come una pentola di metallo o anche una lattina. Una volta che l'acqua raggiunge il bollore (quando grandi bolle rompono continuamente la superficie), continua a farla bollire per almeno un minuto. Se ti trovi ad altitudini più elevate, dove l'acqua bolle a una temperatura più bassa, si consiglia di far bollire l'acqua per tre minuti per garantire che tutti i microrganismi vengano uccisi.

L'ebollizione è un metodo eccellente perché non richiede alcuna attrezzatura speciale oltre a una fonte di calore e un contenitore. È anche molto efficace contro quasi tutti i tipi di agenti patogeni presenti nell'acqua. Tuttavia, l'ebollizione presenta alcuni svantaggi. Innanzitutto, richiede carburante, che può essere difficile da raccogliere in condizioni di umidità o quando le risorse sono limitate. Inoltre, l'ebollizione non rimuove gli inquinanti chimici, i metalli pesanti o i sedimenti dall'acqua, quindi è meglio usarla su acqua che sia abbastanza pulita all'inizio. Inoltre, l'acqua bollita deve raffreddarsi prima di poterla bere, il che può richiedere del tempo se sei di fretta.

La purificazione chimica è un altro modo efficace per trattare l'acqua ed è particolarmente utile se sei a corto di carburante o se l'ebollizione non è pratica. I depuratori chimici come le compresse di iodio o cloro sono comunemente usati per il trattamento dell'acqua. Queste compresse sono leggere, facili da trasportare e possono essere aggiunte direttamente al contenitore dell'acqua. Per usarli, è sufficiente inserire una compressa nel contenitore pieno d'acqua, agitarla bene e lasciarla riposare per il tempo consigliato, in genere da 30 minuti a un'ora. Le sostanze chimiche agiscono uccidendo o disattivando batteri, virus e la maggior parte dei parassiti, rendendo l'acqua sicura da bere.

La purificazione chimica presenta numerosi vantaggi: è veloce, conveniente e non richiede attrezzature speciali oltre alle compresse stesse. Tuttavia, presenta dei limiti. I purificatori chimici potrebbero non essere efficaci contro alcuni tipi di parassiti, come il Cryptosporidium, che può sopravvivere a dosi standard di cloro. Inoltre, alcune persone potrebbero scoprire che le sostanze chimiche lasciano un sapore sgradevole nell'acqua, anche se questo può essere ridotto aggiungendo successivamente compresse di vitamina C per neutralizzare il gusto. È anche importante seguire attentamente le istruzioni, poiché l'efficacia della purificazione chimica dipende dal dosaggio corretto e dal tempo di attesa.

La disinfezione solare, nota anche come SODIS, è un metodo meno conosciuto ma molto utile per purificare l'acqua, soprattutto nelle regioni soleggiate. Questo metodo utilizza la luce ultravioletta (UV) del sole per uccidere i microrganismi dannosi. Per utilizzare la disinfezione solare, avrai bisogno di una bottiglia di plastica trasparente o di vetro e di una posizione soleggiata. Innanzitutto, riempi la bottiglia con acqua pulita e mettila alla luce diretta del sole per sei ore in una giornata soleggiata o fino a due giorni se è nuvoloso. I raggi UV del sole penetrano nell'acqua, danneggiando il DNA di batteri, virus e parassiti, impedendo loro di riprodursi e causare malattie.

La disinfezione solare è un metodo gratuito e naturale che non richiede attrezzature o prodotti chimici speciali, rendendolo un'opzione rispettosa dell'ambiente. È particolarmente utile nelle aree in cui la legna da ardere o il combustibile scarseggiano, poiché dipende interamente dalla luce solare. Tuttavia, ci sono alcune limitazioni a questo metodo. La disinfezione solare richiede la luce solare diretta e richiede diverse ore, quindi potrebbe non essere adatta se hai bisogno di acqua rapidamente o se il tempo è nuvoloso. Inoltre, questo metodo funziona bene solo con acqua limpida; se l'acqua è torbida o piena di sedimenti, è opportuno prima filtrarla per consentire alla luce solare di penetrare efficacemente.

Ogni metodo di purificazione presenta vantaggi e sfide unici ed è utile sapere quando utilizzarli. L'ebollizione è preferibile quando si ha accesso a una fonte di calore e si necessita di una purificazione altamente efficace. È l'ideale per piccole quantità d'acqua o quando sei fermo e hai tempo per accendere un fuoco o un fornello. Tuttavia, per i viaggiatori o gli escursionisti che si muovono velocemente, portare con sé compresse chimiche può essere più pratico. La purificazione chimica è efficiente, leggera e conveniente, il che la rende ideale per coloro che non vogliono portare con sé pentole o carburante. Le compresse possono essere particolarmente utili in situazioni di emergenza quando è necessario un rapido accesso all'acqua potabile.

La disinfezione solare è un'opzione eccellente se ti trovi in una zona soleggiata con risorse limitate, poiché non richiede carburante o prodotti chimici. Questo metodo viene spesso utilizzato nei paesi in via di sviluppo e in situazioni di sopravvivenza in cui esistono poche altre opzioni. Tuttavia, richiede pazienza e tempo sereno, quindi potrebbe non essere sempre fattibile. Combinare la disinfezione solare con altri metodi, come filtrare prima i sedimenti, può aumentarne l'efficacia.

Avere un metodo di backup nel caso in cui il tuo approccio principale non sia possibile è una buona pratica. Ad esempio, se hai intenzione di far bollire l'acqua ma sei a corto di carburante, portare con te alcune compresse purificanti può essere un vero toccasana. Allo stesso modo, se ti trovi in una zona soleggiata e hai tempo, la disinfezione solare può far risparmiare carburante e fornire acqua pulita. Ricorda che nessuno di questi metodi rimuove gli inquinanti chimici o i metalli pesanti, quindi evita di raccogliere l'acqua vicino ad aree industriali, siti minerari o fattorie dove potrebbero essere presenti deflussi chimici.

Purificare l'acqua è un'abilità fondamentale che ti assicura di rimanere sano e idratato in natura. Comprendendo e praticando questi metodi di purificazione, puoi affrontare con sicurezza diverse condizioni esterne e assicurarti che l'acqua che bevi sia sicura. Che tu utilizzi l'ebollizione, la purificazione chimica o la disinfezione solare, ciascun metodo fornisce un modo per rendere l'acqua sicura, aiutandoti a rimanere preparato e capace mentre ti godi il tuo tempo nella natura.

CAPITOLO 5

Ricerca di commestibili selvatici

Riconoscimento delle piante commestibili e raccolta sicura

La ricerca di commestibili selvatici è un'abilità gratificante che ci connette alla natura in un modo unico e significativo. Imparare a riconoscere le piante commestibili e a raccoglierle in modo sicuro è la chiave per sfruttare al massimo ciò che la natura offre senza mettere a rischio la salute o danneggiare l'ecosistema. Prima di partire, è essenziale comprendere le basi dell'identificazione delle piante e delle pratiche di raccolta per garantire sia la tua sicurezza che la sostenibilità delle piante che stai raccogliendo.

Il riconoscimento delle piante commestibili inizia con l'imparare a identificare alcune specie comuni e sicure da mangiare che crescono nella tua regione. Anche se le piante variano notevolmente in base alla località, alcuni esempi ampiamente conosciuti di piante selvatiche commestibili includono il dente di leone, il trifoglio e il platano. I denti di leone, ad esempio, sono riconoscibili dai fiori gialli e dalle foglie frastagliate. Ogni parte del dente di leone è commestibile, dalle foglie alle radici, che possono essere arrostite o utilizzate per preparare tisane. Il trifoglio, con le sue foglie arrotondate che spesso si trovano in gruppi di tre, è un'altra pianta commestibile facile da identificare, che si trova comunemente nei campi e nelle aree aperte. Anche la piantaggine, che ha foglie grandi e ovali con venature parallele distinte, è ampiamente diffusa e può essere consumata cruda o cotta.

Per identificare le piante in modo sicuro, presta molta attenzione alle caratteristiche specifiche, come la forma delle foglie, il colore dei fiori, le caratteristiche dello stelo e i modelli di crescita. Alcune piante hanno somiglianze che potrebbero essere velenose, quindi è essenziale utilizzare più caratteristiche identificative per confermare l'identità di una pianta prima di consumarla. Portare con sé una guida alle piante o utilizzare un'app per l'identificazione delle piante può essere utile, soprattutto all'inizio. Ricorda che alcune piante commestibili possono anche contenere parti tossiche, come le bacche che non sono sicure da mangiare, quindi sapere quali parti della pianta sono commestibili è essenziale. Costruire la fiducia nell'identificazione attraverso la pratica ripetuta è la chiave per un foraggiamento sicuro.

Quando hai identificato con certezza una pianta commestibile, è tempo di pensare a una raccolta sicura. Inizia sempre considerando l'area in cui stai cercando. Evita di raccogliere piante vicino ai bordi delle strade, alle aree industriali o ai luoghi in cui potrebbero essere stati spruzzati pesticidi, poiché le piante che crescono in queste aree possono assorbire sostanze chimiche dannose. Cerca aree con crescita fresca e indisturbata, lontano da potenziali contaminanti. Inoltre, cerca di evitare di cercare cibo vicino a sentieri famosi, dove le piante potrebbero essere stressate dai visitatori frequenti. Le piante selvatiche hanno bisogno di tempo per rigenerarsi, quindi lasciare abbastanza piante alle spalle garantisce che possano continuare a crescere per i futuri raccoglitori e la fauna selvatica.

Il prossimo passo verso una raccolta sicura è seguire pratiche sostenibili per garantire che le piante raccolte possano continuare a prosperare. Uno degli approcci migliori è la "regola dei terzi". Quando ti imbatti in una zona di piante commestibili, evita di prendere più di un terzo di ciò che vedi, lasciando il resto alla crescita naturale e ad altri animali selvatici. Questo metodo aiuta a prevenire un raccolto eccessivo, consentendo alle piante di riprendersi e continuare a riprodursi. Inoltre, prova a selezionare piante mature che hanno avuto la possibilità di seminare. Le piante più giovani o che non hanno prodotto semi dovrebbero essere lasciate sul posto in modo che possano completare il loro ciclo vitale.

Un'altra considerazione è l'utilizzo di strumenti o mani puliti durante la ricerca del cibo. Le piante sono delicate e possono essere danneggiate da una manipolazione brusca o da strumenti sporchi. Portare con te un piccolo paio di forbici o un coltello può aiutarti a tagliare in modo netto foglie o steli senza strappare le radici della pianta, il che aiuta la pianta a ricrescere. Per gli ortaggi a radice, come le cipolle selvatiche o l'aglio, prendi solo ciò di cui hai bisogno e successivamente ricopri l'area con terra per ridurre al minimo il disturbo. Quando raccogli piante a foglia, scegli le singole foglie anziché spogliare la pianta, in modo da preservarne la salute generale.

Oltre alla raccolta sostenibile, la sicurezza personale è una parte cruciale della raccolta. Anche quando sei sicuro nell'identificazione delle piante, è saggio consumare nuove piante in piccole quantità per assicurarti che non causino reazioni avverse. Ciò è particolarmente importante se soffri di allergie o sensibilità alimentari. Molte piante commestibili hanno sapori forti o proprietà medicinali che possono influenzare il tuo corpo, quindi la moderazione è sempre una buona pratica quando si provano nuovi cibi selvatici.

Il foraggiamento è un modo meraviglioso per sviluppare l'autosufficienza e approfondire la comprensione del mondo naturale, ma è importante rispettare le piante e l'ecosistema nel suo complesso. Imparando a riconoscere le piante commestibili comuni, praticando una raccolta sostenibile e dando priorità alla tua sicurezza, puoi godere dei benefici del foraggiamento preservando la bellezza e la salute delle aree naturali per gli altri.

Commestibili comuni e i loro benefici nutrizionali

Quando si tratta di commestibili selvatici, la natura offre una generosità di piante che sono sia nutrienti che utili per chiunque pratichi il bushcraft. Sapere quali piante sono commestibili e quali benefici apportano può fare un'enorme differenza nel sostentamento della natura selvaggia. Piante come il dente di leone, vari tipi di bacche e l'aglio selvatico non solo sono relativamente facili da trovare, ma sono ricche di preziose sostanze nutritive che supportano la salute, l'energia e la sopravvivenza.

I denti di leone sono uno degli alimenti selvatici più comuni e sono completamente commestibili dalla radice al fiore. I loro fiori gialli brillanti e le foglie frastagliate sono facili da individuare e i denti di leone prosperano in molti climi. Dal punto di vista nutrizionale, i denti di leone sono ricchi di vitamine A, C e K, oltre a calcio, ferro e potassio. Questi nutrienti sono essenziali per mantenere l'energia e sostenere il sistema immunitario, il che è particolarmente importante quando sei nella natura selvaggia. Le foglie di tarassaco possono essere consumate crude in insalata, conferendo un gusto leggermente amaro ma rinfrescante, oppure possono essere cotte per ammorbidirne il sapore. Le radici possono anche essere tostate e macinate per preparare una bevanda simile al caffè, che è un ottimo sostituto quando le scorte scarseggiano.

Le bacche sono un'altra eccellente fonte di nutrimento in natura, con molte varietà che offrono alti livelli di vitamine, fibre e antiossidanti. I frutti di bosco come more, mirtilli e lamponi sono ricchi di vitamina C, che aiuta a rafforzare il sistema immunitario e a mantenere sani la pelle e i tessuti. Sono anche ricchi di antiossidanti, utili per ridurre l'infiammazione e combattere lo stress fisico che può derivare dalla vita all'aria aperta. Poiché le bacche sono generalmente dolci, sono un ottimo spuntino quando sono fresche e possono anche essere essiccate per una conservazione più lunga.

Tuttavia, è essenziale identificare accuratamente le bacche, poiché alcune varietà sono tossiche. I mirtilli, ad esempio, hanno una forma soda e rotonda e un colore blu polveroso, mentre le more sono raggruppate in spicchi e diventano viola scuro-nero quando mature.

L'aglio selvatico, noto anche come aglio orsino, è un'altra pianta nutriente e versatile. Le sue ampie foglie verdi e i fiori bianchi a forma di stella la rendono distintiva, anche se è importante riconoscere il suo forte profumo di aglio per essere sicuri di raccogliere la pianta giusta. L'aglio selvatico è ricco di vitamine A e C e contiene composti che aiutano a combattere le infezioni e sostengono il sistema immunitario. È noto che i suoi alti livelli di composti di zolfo hanno proprietà antimicrobiche, che possono essere utili per scongiurare le malattie in natura. Le foglie e i bulbi possono essere consumati crudi o cotti, aggiungendo un delicato sapore di aglio ai piatti. L'aglio selvatico è particolarmente utile per aromatizzare altri cibi foraggiati, poiché ne esalta il gusto aggiungendo preziose sostanze nutritive.

Oltre a queste piante, ci sono molti altri commestibili selvatici che forniscono nutrienti essenziali. Ad esempio, la piantaggine, spesso considerata un'erbaccia comune, è un'altra pianta benefica. Le sue foglie larghe sono ricche di vitamine e minerali e possono essere utilizzate sia come alimento che per scopi medicinali. La piantaggine è ricca di calcio e vitamina K, che supportano la salute delle ossa. Inoltre, le foglie hanno proprietà antinfiammatorie, che le rendono utili come impiastro per piccoli tagli e punture di insetti. Le foglie di piantaggine possono essere consumate crude o cotte e il loro sapore leggermente amaro si abbina bene con altre verdure selvatiche.

Gli aghi di pino sono un'altra sorprendente fonte di nutrimento, particolarmente ricchi di vitamina C, importante per prevenire lo scorbuto, una condizione causata dalla carenza di vitamina C. Il tè agli aghi di pino è semplice da preparare immergendo gli aghi in acqua calda e fornisce un sapore rinfrescante e agrumato. Il tè non è solo ricco di vitamina C, ma contiene anche antiossidanti che aiutano a ridurre l'infiammazione e ad aumentare la resilienza generale.

Anche le ghiande delle querce possono essere una preziosa fonte di cibo, sebbene richiedano una certa preparazione. Le ghiande sono ricche di grassi sani, proteine e carboidrati, che le rendono un alimento ad alto contenuto energetico ideale per la sopravvivenza nella natura selvaggia. Tuttavia contengono tannini, che conferiscono loro un sapore amaro e possono essere dannosi in grandi quantità. Per rendere le ghiande commestibili, devono essere lisciviate o messe a bagno in acqua per rimuovere i tannini. Una volta lisciviate, le ghiande possono essere ridotte in farina e utilizzate per preparare pane, frittelle o porridge, fornendo un pasto abbondante e abbondante.

Anche le ortiche, spesso note per il loro pungiglione, sono un ottimo commestibile selvatico. Nonostante la loro reputazione pungente, sono ricchi di vitamine A, C, ferro e proteine. Cucinare o essiccare le ortiche rimuove la loro puntura, rendendole sicure da mangiare. Il tè all'ortica è un metodo di preparazione popolare e le ortiche cotte possono essere aggiunte a zuppe o stufati. Il loro profilo nutrizionale aiuta con energia, funzione muscolare e supporto immunitario, rendendoli ideali per lunghi periodi all'aperto.

Nel complesso, gli edibili selvatici sono più di una semplice fonte di calorie; sono il modo in cui la natura fornisce nutrienti essenziali in forme compatte e accessibili. Imparare a identificare e raccogliere in modo sicuro piante come denti di leone, bacche, aglio selvatico e altre consente una dieta equilibrata anche nella natura selvaggia. Con la giusta conoscenza, queste piante forniscono vitamine, minerali ed energia per supportare le pratiche di bushcraft, favorendo al tempo stesso una connessione più profonda con l'ambiente. Raccogliere queste piante rafforza anche la vita sostenibile, poiché fai affidamento su risorse che crescono naturalmente, rispettando e mantenendo l'ecosistema intorno a te.

Consigli di sicurezza per evitare sosia tossici

La ricerca di commestibili selvatici può essere un'avventura gratificante, ma è essenziale dare priorità alla sicurezza, soprattutto quando alcune piante commestibili hanno sosia tossiche. Sapere come identificare accuratamente le piante e distinguerle da quelle pericolose ti aiuta a stare al sicuro mentre godi dei benefici degli alimenti raccolti. Comprendere i segnali visivi, utilizzare i test dell'olfatto e prestare attenzione ad altri dettagli specifici può fare la differenza nell'evitare le piante velenose.

Uno dei primi consigli per la sicurezza è acquisire familiarità con i più comuni sosia tossici dei popolari commestibili selvatici. Ad esempio, mentre l'aglio selvatico e le cipolle selvatiche sono sicuri da mangiare, la loro controparte tossica, il mughetto, è altamente pericolosa. L'aglio orsino ha un forte profumo di aglio quando viene schiacciato, mentre il mughetto no, nonostante l'aspetto simile. Allo stesso modo, le giovani piante del pizzo commestibile della Regina Anna assomigliano alla cicuta velenosa. Il pizzo della regina Anna di solito ha una piccola macchia viola al centro del grappolo di fiori e uno stelo peloso, mentre la cicuta velenosa ha steli lisci con macchie violacee ma senza peli. Conoscere questi piccoli dettagli può prevenire confusione e mantenerti al sicuro.

I segnali di identificazione visiva sono spesso il modo più semplice per distinguere le piante sicure da quelle pericolose. Inizia osservando attentamente la forma, le dimensioni, il colore e la struttura della pianta. Le piante commestibili come i denti di leone sono generalmente facili da identificare con i loro fiori gialli brillanti e le foglie frastagliate. Tuttavia, alcune piante come le bacche di sambuco hanno varietà tossiche. Le bacche di sambuco rosso, ad esempio, sono velenose e crescono in regioni diverse rispetto al sambuco nero commestibile. Quando osservi le bacche, evita tutto ciò che è rosso a meno che tu non sia assolutamente certo che sia un tipo sicuro come le fragole, poiché molte bacche rosse in natura possono essere tossiche. Ricorda che le piante tossiche possono imitare il colore, la forma o le dimensioni delle piante commestibili, quindi è sempre saggio confermare più di una caratteristica prima di presumere che una pianta sia sicura.

Anche i test dell'olfatto possono fornire indizi, sebbene non siano infallibili. Alcune piante hanno profumi unici che possono aiutare con l'identificazione. L'aglio selvatico e la cipolla selvatica emettono un forte odore di cipolla o aglio quando le loro foglie vengono schiacciate, cosa che manca ai loro sosia tossici. Tieni presente, tuttavia, che affidarsi solo all'olfatto non è sufficiente; alcune piante, come l'edera velenosa, non hanno odore evidente ma sono comunque dannose. Annusare una pianta può integrare l'identificazione visiva, ma non dovrebbe mai essere l'unico metodo.

Il tatto è un altro senso che aiuta a identificare alcune piante, anche se è importante prestare attenzione, poiché alcune piante tossiche causano irritazione alla pelle. Ad esempio, le ortiche hanno minuscoli peli urticanti che possono irritare la pelle al contatto, e piante come l'edera velenosa rilasciano oli che causano eruzioni cutanee. In caso di dubbi, è meglio evitare di toccare piante sconosciute. Se è necessario toccare una pianta per identificarla, indossare i guanti fornisce un ulteriore livello di protezione.

Un altro suggerimento fondamentale per la sicurezza è osservare l'ambiente di crescita della pianta. Molte piante commestibili preferiscono habitat specifici e sapere questo può aiutarti a identificarle correttamente. Ad esempio, le tife si trovano comunemente vicino all'acqua e sono commestibili, mentre la cicuta acquatica, una delle piante più tossiche, cresce anche in aree umide come le rive dei fiumi ma ha distinti grappoli di fiori a forma di ombrello. Allo stesso modo, i mirtilli selvatici e i mirtilli rossi preferiscono i campi aperti e soleggiati, mentre alcune bacche tossiche, come la belladonna, crescono in aree parzialmente ombreggiate. Il controllo dell'habitat e delle condizioni di crescita della pianta, insieme alle sue caratteristiche fisiche, può guidare un'identificazione sicura.

Testare una piccola parte dell'impianto può anche aggiungere un ulteriore livello di sicurezza. Tuttavia, questa è una tecnica avanzata e dovrebbe essere utilizzata solo da chi ha una certa esperienza nella raccolta. Per i principianti, attenersi a piante facilmente riconoscibili come il dente di leone o l'aglio selvatico è una scelta più sicura. Se stai provando una pianta per la prima volta, staccane un pezzettino e strofinalo all'interno del polso. Attendi qualche ora per vedere se si verificano irritazioni o reazioni. Se non si verifica alcuna reazione, prova a toccare la pianta con le labbra e attendi di nuovo. Testare una pianta in piccoli passi graduali dà un senso della sua sicurezza, anche se non è ancora una garanzia.

Comprendere il ciclo di crescita della pianta può anche aiutare a distinguere le piante sicure da quelle tossiche. Le piante commestibili hanno fasi di crescita distinte e ogni parte può apparire diversa durante tutto l'anno. Ad esempio, alcune piante commestibili possono avere foglie giovani che sembrano diverse da quelle mature, il che può confondere i principianti. La ricerca del ciclo di crescita e dell'aspetto stagionale di ciascuna pianta aiuta a garantire di identificarla correttamente in ogni fase.

Segui la regola "in caso di dubbio, lascialo fuori". Durante la ricerca del cibo non è necessario correre rischi. Anche se una pianta sembra sicura ma suscita incertezze, è meglio evitarla del tutto. Alcune piante commestibili contengono parti tossiche e consumare la parte sbagliata può portare a gravi conseguenze. Ad esempio, i gambi e le foglie del sambuco sono tossici, ma le bacche, quando sono completamente mature, sono sicure da mangiare una volta cotte. Pertanto, sapere quale parte della pianta utilizzare e prepararla correttamente è fondamentale per la sicurezza.

Ricorda che cercare cibo in compagnia di una guida esperta è uno dei modi più sicuri per imparare a identificare le piante. Possono aiutarti a sviluppare un occhio attento nel distinguere tra piante sicure e pericolose e darti fiducia nelle tue capacità di foraggiamento. Molte regioni offrono corsi di raccolta o passeggiate nella natura guidati da esperti, dove è possibile esercitarsi a identificare le piante e porre domande. Esercitarsi con una guida riduce al minimo il rischio di avvelenamento accidentale e sviluppa le tue abilità nel tempo.

Evitare sosia tossici nella ricerca del cibo richiede un'attenta osservazione, pazienza e apprendimento continuo. Utilizzando segnali visivi, testando odori distintivi, osservando gli habitat e rispettando gli ecosistemi naturali, puoi acquisire sicurezza nell'identificazione degli edibili selvatici e goderti il processo di raccolta in sicurezza.

CAPITOLO 6

Navigazione di base nella natura selvaggia

Lettura di mappe topografiche e nozioni di base sulla bussola

Leggere le mappe topografiche e utilizzare una bussola sono competenze chiave nella navigazione nella natura selvaggia, poiché ti aiutano a rimanere sulla strada giusta e a trovare la strada in terreni sconosciuti. Questi strumenti ti offrono una migliore comprensione di ciò che ti circonda, quindi non devi fare affidamento esclusivamente sulla memoria o sui punti di riferimento, che possono essere fuorvianti in natura. Imparare a leggere le mappe topografiche e la bussola richiede pratica, ma con pazienza puoi padroneggiare le basi ed esplorare con sicurezza nuove aree.

Le mappe topografiche sono progettate per mostrare le caratteristiche fisiche di un'area, comprese colline, valli, fiumi e strutture artificiali. Uno degli elementi principali di queste mappe sono le curve di livello. Le linee di livello rappresentano i cambiamenti di elevazione e mostrano la forma del terreno. Le linee vicine tra loro indicano un terreno ripido, mentre le linee più distanziate mostrano pendii più dolci. Ad esempio, se vedi le curve di livello molto ravvicinate, significa che stai guardando una collina o una montagna con una forte pendenza. Se le linee formano una forma circolare che si restringe gradualmente verso il centro, probabilmente stai guardando la cima di una collina o di una montagna. Le valli, d'altro canto, sono rappresentate da linee che formano una forma a U o a V, solitamente con un fiume o un ruscello che scorre lungo il fondo.

Comprendere le curve di livello è essenziale perché ti aiutano a visualizzare il paesaggio. Immagina ogni linea di contorno come un "gradino" verso l'alto o verso il basso sul terreno. Mentre ti sposti da una linea all'altra, stai salendo o andando in discesa. Sapere questo può aiutarti a pianificare un percorso sicuro, poiché ti dà un'idea di quanto sarà impegnativo o facile il percorso. Per i principianti, esercitarsi con una mappa in un'area familiare può aiutare a imparare a interpretare queste linee in modo più accurato e a capire come la mappa si relaziona al terreno reale.

Le mappe utilizzano anche simboli e colori per mostrare le caratteristiche. Ad esempio, il blu rappresenta spesso corpi idrici come fiumi, laghi e ruscelli, mentre il verde indica foreste e aree boschive. Le linee nere o grigie possono rappresentare strade, sentieri o confini, mentre le linee tratteggiate o punteggiate potrebbero indicare sentieri o percorsi non asfaltati. Ogni mappa ha una legenda, solitamente in basso o di lato, che spiega questi simboli. La legenda è come un mini dizionario per la mappa, che traduce i simboli in caratteristiche del mondo reale. Acquisire familiarità con i simboli utilizzati sulle mappe topografiche può farti risparmiare tempo e facilitare la navigazione.

Uno degli strumenti più importanti nella navigazione è la bussola, che ti aiuta a trovare le direzioni: nord, sud, est e ovest. Una bussola è un piccolo dispositivo con un ago magnetico che punta sempre verso il polo nord magnetico della Terra. Allineando la bussola con una mappa, puoi capire in quale direzione andare per raggiungere la tua destinazione. All'inizio le bussole possono sembrare complicate, ma con un po' di pratica diventano facili da usare.

Per iniziare a utilizzare una bussola, tienila piatta in mano in modo che l'ago possa muoversi liberamente. La maggior parte delle bussole ha un quadrante rotante, noto come lunetta, con gradi contrassegnati da 0 a 360. Il nord è 0 gradi, l'est è 90 gradi, il sud è 180 gradi e l'ovest è 270 gradi. Quando vuoi trovare una direzione, ruota la lunetta finché la N (Nord) sul quadrante non si allinea con l'estremità rossa dell'ago, che punta al nord magnetico. Una volta allineata, la bussola mostra le altre direzioni, permettendoti di orientarti.

Quando si utilizza una bussola con una mappa, l'obiettivo è allineare entrambe per capire dove ci si trova e in quale direzione muoversi. Inizia posizionando la mappa su una superficie piana e allineando la bussola in modo che punti al nord geografico. Il nord vero differisce leggermente dal nord magnetico, ma molte mappe sono adattate a questa differenza, chiamata declinazione. Controlla se la tua mappa fornisce una regolazione della declinazione, che in genere è mostrata nella legenda della mappa. Se necessario, regola la bussola, soprattutto se ti trovi in un'area con una forte differenza magnetica.

Successivamente, posiziona la bussola sulla mappa con il bordo della piastra di base rivolto verso la tua destinazione. Ruota la lunetta finché l'ago della bussola non si allinea con il nord sulla mappa. La direzione indicata dalla lunetta rappresenta ora l'angolo che devi seguire, noto come rilevamento. Seguendo questa direzione sul campo potrete raggiungere la destinazione prescelta, muovendovi passo dopo passo controllando che l'ago della bussola rimanga allineato con il nord.

Oltre a trovare indicazioni stradali, puoi anche utilizzare la bussola e la mappa insieme per la triangolazione, un metodo per trovare la tua posizione esatta in un'area sconosciuta. Per fare ciò, identifica due o tre punti di riferimento intorno a te, come la cima di una montagna o un lago. Prendi una bussola per ogni punto di riferimento e segna questi angoli sulla mappa. Il punto in cui le linee si intersecano è all'incirca dove ti trovi. La triangolazione richiede pratica, ma è utile quando non sei sicuro della tua posizione.

Quando si naviga in natura, è anche utile comprendere alcuni modi naturali per trovare indicazioni stradali, che possono supportare le letture della bussola. Ad esempio, il sole sorge a est e tramonta a ovest, fornendo un senso generale dell'orientamento. La Stella Polare, visibile nel cielo notturno, punta verso il vero nord nell'emisfero settentrionale. Questa stella rimane relativamente stazionaria, il che la rende una guida affidabile per trovare il nord. Tuttavia, i metodi di navigazione naturale dovrebbero essere utilizzati solo come ausili secondari, poiché possono essere meno precisi di una bussola.

Un altro concetto utile è il ritmo, che prevede il conteggio dei passi per stimare le distanze. Un metodo comune è misurare quanti passi sono necessari per percorrere una distanza specifica, ad esempio 100 metri, e quindi utilizzare questo numero per calcolare le distanze in natura. Questa tecnica può essere combinata con la lettura della mappa, permettendoti di stimare la distanza che hai percorso o quanto ancora devi andare.

Man mano che pratichi queste tecniche, scoprirai che le mappe topografiche e le bussole sono partner affidabili per l'esplorazione della natura selvaggia. Se utilizzati insieme, ti aiutano a navigare in modo accurato e a fare scelte informate sul tuo percorso. Che tu stia puntando a una destinazione specifica o esplorando un'area, sapere come interpretare una mappa e una bussola è un'abilità che renderà le tue avventure all'aria aperta più sicure e divertenti.

Tecniche di navigazione naturale utilizzando il sole e le stelle

La navigazione naturale può essere un'abilità affascinante e pratica, soprattutto nella natura selvaggia dove potresti non avere sempre una bussola o una mappa. Usare il sole, le ombre e le stelle per trovare la direzione fornisce un modo affidabile per orientarsi, anche in luoghi remoti. Imparare a riconoscere questi indizi naturali ti aiuta a rimanere sulla rotta e a sviluppare una connessione più profonda con la natura. Di seguito esploreremo diverse tecniche per la navigazione naturale, concentrandoci sul sole e sulle stelle per guidarti in sicurezza.

Uno dei metodi più semplici per trovare la direzione è osservare il percorso del sole nel cielo. Il sole sorge a est e tramonta a ovest, anche se non sarà esattamente verso est o verso ovest a meno che non sia intorno all'equinozio (primavera o autunno). Al mattino, al sorgere del sole, si troverà nella parte orientale del cielo, spostandosi verso ovest con l'avanzare della giornata. Nel tardo pomeriggio sarà sul lato occidentale, aiutandoti a farti un'idea approssimativa di dove si trovano l'est e l'ovest. Se guardi il sole nascente, l'est è direttamente di fronte a te, con l'ovest direttamente dietro di te, il nord alla tua sinistra e il sud alla tua destra.

Un trucco pratico per determinare la direzione durante il giorno è il metodo del bastoncino d'ombra. Per prima cosa, trova un bastone dritto, lungo circa 2-3 piedi, e spingilo nel terreno in un'area aperta dove proietterà un'ombra chiara.

Segna la punta dell'ombra con una roccia o un bastoncino. Attendi circa 15-30 minuti, quindi segna la nuova posizione dell'ombra. La linea tra i due segni punta all'incirca da est a ovest, con il primo segno che indica ovest e il secondo segno che indica est. Questo metodo funziona perché la posizione del sole cambia mentre si muove nel cielo, facendo cambiare direzione all'ombra.

Oltre alla tecnica del bastoncino d'ombra, puoi usare la tua ombra per stimare la direzione se ti trovi alla luce del sole. A mezzogiorno, quando il sole è nel punto più alto, la tua ombra sarà più corta e punterà verso nord nell'emisfero settentrionale e verso sud nell'emisfero meridionale. Sebbene non sia precisa come una bussola, dà un senso approssimativo della direzione, soprattutto se sai se sei a nord o a sud dell'equatore.

Se sei all'aperto di notte, le stelle offrono un'ottima guida per trovare la direzione. La Stella Polare, conosciuta anche come Polaris, è un indicatore cruciale nell'emisfero settentrionale. Si trova direttamente sopra il Polo Nord, il che significa che difficilmente si muove e punta sempre verso nord. Per individuare la Stella Polare, inizia trovando l'Orsa Maggiore, una costellazione prominente con una forma caratteristica che ricorda un mestolo o un cucchiaio. Le due stelle che formano il bordo esterno della "ciotola" dell'Orsa Maggiore (conosciute come stelle puntatrici) si allineano con la Stella Polare. Disegna una linea immaginaria che collega queste stelle e vedrai che portano direttamente alla Stella Polare. Una volta individuato, sai che punta a nord, aiutandoti ad orientarti.

Nell'emisfero australe, la localizzazione a sud delle stelle è leggermente diversa poiché non esiste un equivalente della Stella Polare. Tuttavia, la Croce del Sud, una costellazione ben nota, può essere utilizzata per trovare la direzione sud. La Croce del Sud è composta da quattro stelle luminose che formano una croce. Per usarlo come guida, immagina una linea che si estende dall'asse maggiore della croce e seguila verso il basso. Circa quattro volte la lunghezza della croce dalla sua base, raggiungerai un'area che punta all'incirca a sud. Sebbene non sia preciso come la Stella Polare, questo metodo è ampiamente utilizzato per la navigazione notturna nei cieli meridionali.

Un'altra tecnica interessante prevede il monitoraggio del movimento della luna, che può anche aiutarti a determinare la direzione. La luna sorge a est e tramonta a ovest, seguendo un percorso simile a quello del sole. Quindi, se osservi la posizione della luna nel cielo subito dopo il suo sorgere, sarà da qualche parte nel cielo orientale. Al contrario, se la Luna sta tramontando, sarà sul lato occidentale. Questo metodo può essere utile se hai bisogno di un senso generale dell'orientamento nelle notti in cui le stelle non sono visibili.

Durante alcune fasi lunari, puoi anche usare le "corna" della falce di luna, che sono le due estremità appuntite, per trovare approssimativamente il sud. Immagina una linea che collega i due corni della falce di luna e la estende fino all'orizzonte. Questa linea ti darà una direzione generale verso sud se ti trovi nell'emisfero settentrionale e verso nord se ti trovi nell'emisfero meridionale.

Il sole e le stelle non sono solo belle ma anche guide affidabili che permettono di navigare senza attrezzature particolari. Con la pratica, queste tecniche diventano più facili da applicare e presto sarai in grado di orientarti osservando gli elementi naturali nel cielo. Ricorda, questi metodi offrono una guida generale piuttosto che una precisione millimetrica. Tuttavia, se combinati con un'attenta osservazione, possono darti sicurezza in un ambiente sconosciuto.

Navigazione in vari paesaggi

Navigare in paesaggi diversi richiede la comprensione di ciò che ti circonda e delle caratteristiche uniche che ogni ambiente offre. Osservando i punti di riferimento naturali, puoi utilizzare foreste, montagne e pianure per orientarti in modo efficace. Ogni tipo di paesaggio presenta le proprie sfide, quindi sapere come adattare il proprio approccio è essenziale per rimanere orientati ed evitare di perdersi.

In una fitta foresta, la visibilità può essere limitata a causa della fitta vegetazione, rendendo difficile vedere lontano. Un modo per navigare è identificare alberi prominenti, formazioni rocciose o radure come punti di riferimento. Questi punti di riferimento aiutano a segnare il tuo percorso mentre ti muovi. Poiché le foreste hanno spesso percorsi tortuosi, evita di fare affidamento su una sola direzione; presta invece attenzione a più punti lungo il percorso. Cerca di identificare eventuali forme insolite di alberi, affioramenti rocciosi o tronchi caduti, poiché questi possono essere "segnali" naturali che ti guidano indietro se hai bisogno di tornare sui tuoi passi.

Le foreste possono anche offrire indizi attraverso il sole e le ombre. Osservare dove la luce del sole filtra attraverso gli alberi può darti il senso dell'est e dell'ovest. La luce solare mattutina proviene generalmente da est, mentre la luce solare pomeridiana è inclinata verso ovest. Allo stesso modo, il muschio cresce spesso sul lato nord degli alberi nell'emisfero settentrionale, anche se non è sempre affidabile, quindi usalo insieme ad altri metodi. Inoltre, l'ascolto dei suoni può fornire suggerimenti; ad esempio, l'acqua che scorre spesso indica la presenza di un ruscello o di un fiume, che può condurti in aree aperte o fungere da percorso da seguire.

Nelle zone montuose, il terreno varia notevolmente con pendii, scogliere e valli. Quando navighi in montagna, inizia osservando la forma generale e la direzione delle catene montuose intorno a te. Le montagne spesso formano creste e valli che guidano naturalmente il tuo cammino. Se possibile, rimani sui crinali anziché scendere nelle valli, poiché i crinali offrono una migliore visibilità, consentendoti di individuare più facilmente punti di riferimento o destinazioni.

Una delle migliori strategie nelle regioni montuose è "puntare in alto". Dai punti più alti, puoi vedere meglio il paesaggio circostante, rendendo più facile individuare sentieri, laghi o altri punti di riferimento che possono guidarti. Anche se stai seguendo un sentiero, tieni d'occhio formazioni rocciose uniche, scogliere esposte o alberi solitari, che costituiscono ottimi punti di riferimento. Quando si procede in discesa, sii cauto, poiché i pendii ripidi possono disorientare e essere fisicamente impegnativi. Muoversi lentamente e in modo mirato, controllando frequentemente l'ambiente circostante, aiuta a evitare di voltarsi.

Nelle pianure aperte o nelle praterie, potresti avere il problema opposto: potrebbero esserci pochi punti di riferimento evidenti. In spazi così ampi e piatti risaltano oggetti distanti come grandi rocce, colline o persino gruppi di alberi. Questi oggetti possono essere utili "ancore" verso cui puoi mirare e controllare la tua direzione mentre ti muovi. Le pianure hanno spesso alcuni punti alti o colline basse che forniscono una migliore visibilità, quindi utilizzare questi punti alti come punti di osservazione può aiutarti a scansionare l'area e impostare una rotta verso un obiettivo specifico.

Se non ci sono caratteristiche distintive, puoi creare i tuoi marcatori posizionando piccole pietre o bastoncini a intervalli. Questo semplice metodo per lasciare una traccia dietro di te ti assicura di poter seguire i tuoi stessi indicatori se hai bisogno di tornare indietro. Inoltre, cerca cambiamenti nella struttura del terreno o nella vegetazione. Le pianure possono avere diversi tipi di erba, fiori di campo o macchie di terra nuda, che possono fornire indizi sulla tua posizione mentre ti muovi nel paesaggio.

In qualsiasi paesaggio, le fonti d'acqua come fiumi, laghi o ruscelli fungono da guide naturali. Nella maggior parte delle regioni, i fiumi scorrono dalle quote più elevate a quelle più basse, spesso serpeggiando attraverso valli e aree pianeggianti. Seguire un fiume può essere un modo affidabile per rimanere orientati e può portare a aree aperte, sentieri o persino segni di insediamenti umani. Fiumi e ruscelli fungono anche da "punti di riferimento lineari", aiutandoti a comprendere la tua posizione rispetto all'acqua e fornendoti un punto di riferimento da controllare mentre esplori.

Anche le tracce degli animali possono aiutare la navigazione, soprattutto nelle foreste e nelle pianure. Gli animali selvatici spesso creano stretti sentieri attraverso il paesaggio, che di solito conducono a cibo, acqua o spazi aperti. Seguire questi percorsi a volte può guidarti verso fiumi, stagni o radure naturali. Bisogna però sempre fare attenzione alla presenza di animali selvatici, mantenendo una rispettosa distanza e muovendosi silenziosamente per evitare di disturbare gli animali.

La navigazione in vari paesaggi richiede un'attenta osservazione e comprensione degli indicatori naturali. Osservando come cambiano il terreno e la vegetazione, puoi sviluppare un senso dell'orientamento più forte e orientarti con sicurezza attraverso foreste, montagne e pianure. Ogni ambiente ha i propri indizi e caratteristiche che possono guidarti, permettendoti di esplorare in sicurezza il mondo naturale.

CAPITOLO 7

Monitoraggio e comprensione della fauna selvatica

Nozioni di base sul monitoraggio degli animali e sull'identificazione dei segni

Il monitoraggio degli animali è un'abilità affascinante che ti connette profondamente con la natura. Osservando impronte, escrementi e altri segni lasciati dagli animali, puoi imparare a riconoscere la loro presenza e comprendere un po' le loro abitudini. Questa conoscenza può aiutarti a esplorare la natura selvaggia in modo più sicuro e ad aumentare la tua consapevolezza della fauna selvatica che ti circonda. Il monitoraggio degli animali non consiste solo nel trovare animali, ma nel comprendere la storia del paesaggio attraverso i sottili indizi che lasciano dietro di sé.

Le impronte, note anche come tracce, sono uno dei segni più comuni che gli animali lasciano dietro di sé. La forma, le dimensioni e il modello di queste tracce possono rivelare che tipo di animale è passato nell'area, quanto recentemente e persino cosa stava facendo. Ad esempio, l'impronta di un cervo mostrerà solitamente due dita appuntite, che ricordano la forma di un cuore diviso. Al contrario, l'impronta di un cane, di un lupo o di un coyote ha una forma più arrotondata con quattro dita e un cuscinetto al centro. Prestare attenzione al numero e alla forma delle dita, alla presenza di artigli e alla dimensione della traccia può aiutare a identificare l'animale.

La spaziatura e la direzione delle tracce forniscono ulteriori indizi sul comportamento di un animale. Tracce molto distanziate tra loro di solito indicano che l'animale stava correndo o saltando, mentre tracce ravvicinate suggeriscono che stava camminando o stava fermo. Se vedi tracce a zigzag, l'animale potrebbe essere alla ricerca di cibo o annusato in giro. Seguire una serie di tracce può rivelare come un animale si è mosso nell'area, dove si è fermato e cosa potrebbe aver catturato il suo interesse. Osserva sempre attentamente le tracce per assicurarti di interpretarle correttamente, poiché gli animali spesso lasciano tracce che sembrano simili.

Scat, o escrementi di animali, sono un altro segno utile. Anche se può sembrare spiacevole, scat può fornire molte informazioni. Animali diversi hanno diversi tipi di escrementi e la loro forma, dimensione e contenuto spesso rivelano che tipo di animale li ha lasciati e cosa ha mangiato. Ad esempio, gli escrementi di cervo sono tipicamente piccoli, rotondi e simili a palline, mentre gli escrementi di orso sono più grandi e possono contenere pezzetti di bacche, foglie o pelliccia, a seconda della dieta dell'orso. Il colore e il livello di umidità degli escrementi possono indicare quanto recentemente sono stati lasciati. Gli escrementi più freschi sono solitamente umidi e più scuri, mentre gli escrementi più vecchi sono secchi e sbiaditi.

Scat può aiutare a rintracciare gli animali senza vederli direttamente, offrendo informazioni dettagliate sulle loro abitudini alimentari e sui loro movimenti. Inoltre, osservare gli escrementi a intervalli regolari lungo un sentiero può rivelare se un animale si trova nell'area o si sta muovendo. Ricordatevi, tuttavia, di osservare gli escrementi da una distanza di sicurezza per evitare la contaminazione e di lavarvi sempre le mani dopo qualsiasi attività di tracciamento che coinvolga gli escrementi.

Oltre alle tracce e agli escrementi, gli animali spesso lasciano segni interagendo con l'ambiente. Rami spezzati, erba piegata, foglie mosse o corteccia di albero strofinata possono tutti essere indicatori della presenza di un animale. Ad esempio, i cervi spesso sfregano le corna contro gli alberi per marcare il territorio, lasciando macchie ruvide sulla corteccia. Cerca i rami all'altezza del cervo con la corteccia raschiata per trovare questi segni. Gli animali più piccoli, come conigli o volpi, potrebbero creare stretti tunnel o percorsi nell'erba alta, mostrando i loro schemi di movimento.

Quando segui le tracce nelle aree boscose, tieni d'occhio i segni degli artigli sui tronchi degli alberi. Questi possono essere lasciati da animali come orsi o procioni che si arrampicano sugli alberi. I segni degli artigli variano a seconda della specie, con gli orsi che lasciano graffi grandi e profondi e i procioni che lasciano graffi più piccoli e delicati. Tali segni possono anche indicare la taglia e l'età dell'animale, con segni più profondi e più grandi che suggeriscono un animale più grande o più vecchio.

Un altro segno a cui prestare attenzione sono i nidi, le tane o le tane, che gli animali creano come rifugi. Le tane si trovano solitamente nel terreno e possono appartenere ad animali come conigli, volpi o tassi. La dimensione e la forma dell'ingresso possono indicare il tipo di animale che vi vive. Ad esempio, i conigli tendono a creare ingressi più piccoli e nascosti, mentre le volpi o i mammiferi più grandi creano aperture più grandi. Fai attenzione intorno alle tane e alle tane, poiché gli animali potrebbero sentirsi minacciati se ti avvicini troppo. Osservare a distanza è l'approccio migliore, per assicurarti di non disturbare la casa dell'animale.

Anche gli uccelli lasciano tracce e segni, soprattutto attorno a fonti di cibo o acqua. Le tracce degli uccelli sono generalmente strette con tre dita rivolte in avanti e una rivolta all'indietro. Gli uccelli più grandi, come i tacchini, possono lasciare tracce più profonde e più evidenti, mentre le tracce degli uccelli più piccoli possono essere più difficili da individuare. Le piume lasciate a terra o gli escrementi attorno alle aree di alimentazione sono ulteriori indicatori dell'attività degli uccelli. Osservare gli uccelli e le loro tracce può aiutarti a identificare le loro abitudini alimentari e le aree di nidificazione.

Anche l'ascolto dell'ambiente gioca un ruolo essenziale nel tracciamento degli animali. Gli uccelli, ad esempio, spesso diventano silenziosi o agitati quando un predatore si trova nelle vicinanze. Notare i cambiamenti nei suoni degli uccelli può avvisarti della presenza di altri animali, poiché gli uccelli spesso fungono da "sistema di allarme" della natura. Anche sentire il fruscio delle foglie o lo schiocco dei ramoscelli può segnalare la presenza di un animale, soprattutto in ambienti più silenziosi dove il suono viaggia facilmente.

Il tracciamento implica anche il rispetto degli animali e del loro ambiente. Quando segui le tracce, fai attenzione a non disturbare la fauna selvatica. Avvicinati con attenzione a tracce, escrementi e altri segnali ed evita di interferire con eventuali habitat o segni lasciati dagli animali. L'osservazione silenziosa e a distanza garantisce che gli animali rimangano indisturbati e ti consente di imparare senza influire sul loro comportamento naturale. Praticare un monitoraggio responsabile aiuta a preservare la natura selvaggia e i suoi abitanti.

Il monitoraggio degli animali è un'abilità che si sviluppa nel tempo, con pazienza e acuta osservazione. Riconoscendo impronte, escrementi e altri segni, impari a interpretare il linguaggio della natura e a scoprire le vite invisibili degli animali intorno a te. È un'esperienza gratificante che crea rispetto per la fauna selvatica e un maggiore apprezzamento per l'interconnessione del mondo naturale.

Riconoscere il comportamento e i modelli degli animali

Comprendere il comportamento e i modelli degli animali in natura è un'abilità importante che può fornire preziose informazioni a chiunque esplori la natura. Osservare da vicino gli animali non solo aiuta a identificare le diverse specie, ma ne rivela anche le abitudini e le routine. Riconoscere comportamenti come l'alimentazione, la caccia e i modelli migratori può offrire indizi sui ritmi naturali della natura selvaggia. Per un appassionato di bushcraft, questa conoscenza aumenta sia il divertimento che la sicurezza, poiché ti prepara a navigare nella natura con maggiore consapevolezza.

Il comportamento alimentare è una delle attività animali più facilmente osservabili ed è essenziale per conoscere la fauna selvatica. Animali diversi hanno modelli di alimentazione unici che riflettono la loro dieta e il loro ruolo ecologico. Gli erbivori, ad esempio, come cervi, conigli e alci, in genere pascolano al mattino presto o alla sera quando la temperatura è più fresca, il che li aiuta a risparmiare energia. Osservare gli orari e le aree in cui questi animali pascolano o navigano può aiutare a identificare i punti in cui abbondano determinate piante o fonti d'acqua. Spesso i cervi lasciano segni evidenti mentre si nutrono, come vegetazione tagliata all'altezza del petto o piccoli bocconcini sulle foglie, che possono indicare la presenza di un branco nelle vicinanze.

I carnivori, come volpi, lupi e grandi felini, hanno abitudini alimentari incentrate sulla caccia e i loro modelli sono spesso più vari. Questi animali tendono a cacciare all'alba o al tramonto quando la luce è scarsa, il che dà loro un vantaggio rispetto alle prede. Riconoscere quando e dove è probabile che i predatori vadano a caccia è fondamentale per la sicurezza del bushcraft. Ad esempio, è meglio evitare aree con abbondanti tracce o segni di attività di predatori durante i periodi di punta della caccia. Individuare tracce fresche, resti di un'uccisione o anche graffi attorno ai luoghi di alimentazione può indicare la recente presenza di predatori, ricordandoti di stare attento.

Anche gli spazzini come gli avvoltoi, le iene e alcuni rapaci mostrano comportamenti alimentari specifici. Spesso volteggiano sopra potenziali fonti di cibo o indugiano vicino alle carcasse.

L'osservazione di questi segnali può rivelare la presenza di animali morti, che potrebbero attirare anche altri predatori. Riconoscere l'attività degli spazzini può aiutarti a comprendere le dinamiche della fauna selvatica locale e guidarti su dove allestire il campo a distanza di sicurezza dalle interazioni con gli animali. È anche un promemoria per proteggere adeguatamente le scorte di cibo, poiché gli spazzini sono abili nel localizzare gli avanzi.

I modelli di caccia sono un altro comportamento importante da comprendere. Gli animali cacciano in vari modi, a seconda della specie e dell'ambiente. Ad esempio, lupi e coyote cacciano in branco, usando il lavoro di squadra per mettere all'angolo la preda, mentre i grandi felini spesso inseguono e si avventano sulla preda da soli. Osservare il comportamento di caccia a distanza può rivelare dettagli affascinanti sulla strategia di un animale. Ad esempio, studiando le impronte e i segni lasciati dai lupi che cacciavano in branco, puoi vedere come coordinavano il loro approccio. Tuttavia, se trovi segni di caccia in corso o tracce recenti di predatori, è meglio stare alla larga dalla zona per la tua sicurezza.

La migrazione è un comportamento su cui molti animali fanno affidamento per trovare cibo, accoppiarsi o sopravvivere ai cambiamenti climatici. Gli uccelli sono tra gli animali migratori più conosciuti, spesso percorrono grandi distanze per sfuggire ai freddi inverni o trovare terreni riproduttivi. Anche mammiferi come caribù, gnu e alci migrano, spostandosi in grandi gruppi verso aree con cibo abbondante e clima adatto. Riconoscere i modelli migratori è utile per comprendere la disponibilità stagionale delle risorse. Nelle aree in cui gli animali migrano frequentemente, potresti notare tracce formate da viaggi ripetuti. Imparare questi sentieri può guidarti verso aree con maggiore presenza di fauna selvatica o aiutarti a evitare percorsi in cui grandi gruppi di animali potrebbero disturbare il tuo campeggio.

Per i professionisti del bushcraft, comprendere queste rotte migratorie può essere utile sia per raccogliere risorse sia per evitare aree naturali ad alto traffico. Sapere quando è probabile che gli animali passino può assicurarti di non accamparti sul percorso di una mandria migratrice, il che potrebbe essere pericoloso e distruttivo sia per te che per gli animali.

Osservare il comportamento degli animali può anche rivelare segnali di allerta o allarme, che gli animali mostrano quando percepiscono potenziali minacce. I cervi, ad esempio, alzano la testa e rizzano le orecchie al minimo rumore. Gli uccelli potrebbero diventare insolitamente silenziosi o disperdersi improvvisamente se un predatore si trova nelle vicinanze. Osservare questi comportamenti fornisce preziosi avvertimenti. Se gli animali sembrano nervosi o si allontanano velocemente, potrebbe indicare la presenza di un predatore nella zona o addirittura che avvertono la tua presenza. Prestare attenzione alle reazioni degli animali ti aiuta a rimanere in sintonia con i potenziali pericoli nella natura selvaggia, migliorando la tua consapevolezza della situazione.

Anche i comportamenti sociali tra gli animali possono rivelare modelli interessanti. Molti animali comunicano utilizzando il linguaggio del corpo, i suoni o gli odori. I lupi ululano per comunicare con il loro branco, i cervi possono battere i piedi per avvertire gli altri del pericolo e gli uccelli cantano canzoni territoriali. Comprendere questi segnali può aiutarti a interpretare le interazioni degli animali ed evitare di intrometterti nel loro spazio. In alcuni casi, comportamenti aggressivi come ringhi, sibili o atteggiamenti territoriali indicano che sei troppo vicino ed è meglio allontanarsi con calma. Rispettare questi confini riduce il rischio che un incontro diventi pericoloso.

Anche i comportamenti riproduttivi, come l'accoppiamento e l'allevamento dei piccoli, influiscono sull'attività e sul movimento degli animali. Durante la stagione degli amori, i maschi di alcune specie diventano più territoriali e aggressivi. Ad esempio, i cervi maschi si impegnano in un comportamento in calore, che implica sfidare altri maschi attraverso dimostrazioni di forza. Riconoscere quando gli animali sono nella stagione degli amori è importante per i professionisti del bushcraft, poiché gli animali possono comportarsi in modo imprevedibile. Inoltre, durante la primavera, quando molti animali allevano i loro piccoli, potrebbero diventare più protettivi nei confronti del loro territorio. Dare spazio agli animali durante questi periodi ti garantisce di rispettare i loro cicli naturali e di stare al sicuro.

I cambiamenti stagionali, come il letargo e i cicli riproduttivi, influenzano l'attività degli animali e possono influenzare le tue strategie di bushcraft. Gli orsi, ad esempio, entrano in una fase di maggiore alimentazione in autunno, chiamata iperfagia, per immagazzinare il grasso per il letargo invernale.

Sapere quando gli animali sono più o meno attivi durante determinate stagioni può aiutarti a pianificare le tue attività in base alla loro routine. Se ti accampi nel territorio degli orsi durante l'autunno, è essenziale prestare particolare attenzione alla conservazione del cibo, poiché è più probabile che gli orsi cerchino calorie extra prima del letargo.

Riconoscere modelli e comportamenti animali arricchisce la tua comprensione del mondo naturale e migliora la tua esperienza nella natura selvaggia. Osservando le abitudini alimentari, gli stili di caccia e le rotte migratorie degli animali, sviluppi una consapevolezza dei loro ritmi, che aiuta a evitare potenziali pericoli. Notare le interazioni sociali, le risposte agli allarmi e i comportamenti stagionali garantisce ulteriormente la tua sicurezza e ti consente di apprezzare la vita complessa delle creature intorno a te.

Interpretare questi modelli animali incoraggia anche un rispetto più profondo per la natura. Mentre impari a osservare in silenzio ed evitare di disturbare gli animali, pratichi un approccio responsabile al bushcraft che valorizza la convivenza. Attraverso l'osservazione paziente, acquisisci una prospettiva unica nella natura selvaggia, rendendo ogni viaggio all'aria aperta un'esperienza più ricca e gratificante.

Convivere rispettosamente con la fauna selvatica

Il rispetto della fauna selvatica è una parte fondamentale del trascorrere del tempo nella natura, soprattutto nel bushcraft dove l'armonia con l'ambiente è essenziale. Imparare a convivere rispettosamente con gli animali aiuta a garantire la loro sicurezza e il loro benessere, proteggendo anche noi stessi. Comprendendo l'importanza di mantenere la distanza ed evitare inutili disturbi, onoriamo l'ordine naturale e contribuiamo alla conservazione della fauna selvatica. Questo approccio non solo rafforza il nostro legame con la natura, ma sostiene anche l'etica del bushcraft, che valorizza la protezione di tutti gli esseri viventi in natura.

Uno dei modi più semplici ma efficaci per rispettare la fauna selvatica è mantenere una distanza di sicurezza e rispettosa. Osservare gli animali da lontano permette loro di muoversi liberamente e comodamente senza sentirsi minacciati. Gli animali spesso interpretano la presenza umana come un potenziale pericolo, inducendoli a modificare il loro comportamento o a fuggire dalla zona. Anche gli animali che sembrano calmi possono provare stress quando gli umani si avvicinano troppo. Ad esempio, gli uccelli che nidificano sugli alberi potrebbero abbandonare i loro nidi se avvicinati troppo, lasciando le loro uova vulnerabili. Dando agli animali lo spazio di cui hanno bisogno, li aiutiamo a sentirsi sicuri nel loro habitat, che a sua volta favorisce le loro attività naturali e la loro salute.

Mantenere una rispettosa distanza significa anche riconoscere i segnali quando un animale si sente a disagio con la nostra presenza. Molti animali danno segnali chiari quando si sentono minacciati o desiderano essere lasciati soli. I cervi, ad esempio, spesso fissano direttamente la fonte del disturbo e potrebbero battere i piedi come segnale di avvertimento. Gli scoiattoli chiacchierano e agitano la coda quando avvertono un potenziale predatore nelle vicinanze. Riconoscere e rispettare questi segnali facendo un passo indietro o allontanandosi riduce lo stress per l'animale e favorisce una convivenza pacifica. Imparare a interpretare questi segnali è fondamentale per essere consapevoli di come le nostre azioni influenzano la fauna selvatica.

Evitare rumori forti e movimenti improvvisi è un altro modo per ridurre al minimo il nostro impatto sull'ambiente. Gli animali fanno molto affidamento sui loro sensi per rilevare i cambiamenti nell'ambiente circostante e suoni forti o azioni rapide possono facilmente allarmarli. Quando si fanno escursioni o ci si sposta in aree naturali, camminare tranquillamente e parlare a bassa voce può ridurre i disturbi. Molti animali selvatici sono particolarmente sensibili alle voci umane, poiché interpretano i suoni non familiari come potenziali minacce. Facendo attenzione ai nostri livelli di rumore, aiutiamo gli animali a mantenere il loro senso di calma e a prevenire stress inutili. Questo approccio ci consente anche di vivere la natura in modo più completo, poiché è più probabile che incontriamo la fauna selvatica quando si sente indisturbata.

Nel bushcraft, preservare gli habitat degli animali è importante quanto rispettare gli animali stessi. Ogni creatura ha un posto unico nell'ecosistema e le loro case svolgono un ruolo vitale nella loro sopravvivenza. Ad esempio, piccoli mammiferi come conigli e volpi creano tane e tane che forniscono riparo dai predatori e dalle intemperie. Gli uccelli costruiscono nidi essenziali per allevare i loro piccoli, mentre i castori costruiscono dighe che creano ricchi habitat di zone umide per numerose specie. Quando si esplorano aree naturali, è importante prestare attenzione a questi habitat ed evitare di causare danni. Ciò significa non disturbare nidi, tane o tane e lasciare le aree il più indisturbate possibile. Fare attenzione a non calpestare la vegetazione o interrompere le fonti d'acqua contribuisce anche a preservare gli habitat sia per gli animali che per le piante.

Un altro aspetto fondamentale della convivenza rispettosa con la fauna selvatica è prestare attenzione al cibo e ai rifiuti. Molti animali selvatici sono attratti dall'odore del cibo umano, che può sconvolgere la loro dieta naturale e persino portare a una dipendenza malsana dalle persone. Lasciare avanzi di cibo o spazzatura in natura può incoraggiare gli animali ad avventurarsi in aree umane, dove potrebbero affrontare pericoli come veicoli o animali domestici aggressivi. L'eliminazione di tutti i rifiuti alimentari e della spazzatura aiuta a mantenere gli animali nel loro habitat naturale e riduce il rischio di interazioni negative tra uomo e fauna selvatica. In alcuni casi, il cibo umano può essere dannoso anche per gli animali, quindi è essenziale conservare e smaltire il cibo in modo responsabile durante il campeggio o le escursioni.

Rispettare la fauna selvatica implica anche astenersi dal dar loro da mangiare, anche se si avvicinano a noi. Nutrire gli animali selvatici può sembrare innocuo, ma interrompe i loro comportamenti naturali di foraggiamento e può renderli dipendenti dagli esseri umani per il cibo. Gli animali che si sentono troppo a loro agio con gli esseri umani possono perdere la loro diffidenza, il che aumenta il rischio di danni derivanti da incidenti o conflitti. L'alimentazione può anche diffondere malattie, poiché gli animali si radunano attorno a fonti di cibo fornite dall'uomo, aumentando la probabilità di trasmissione di malattie. Osservare gli animali senza interferire con la loro dieta e i loro comportamenti naturali garantisce che rimangano indipendenti e capaci di sopravvivere in natura.

L'etica Bushcraft sottolinea l'importanza di non lasciare tracce, il che significa ridurre al minimo il nostro impatto sulla fauna selvatica. Ciò significa ripulire tutte le tracce della nostra presenza, inclusi fuochi da campo, rifiuti e attrezzature, prima di lasciare un'area. Un focolare, ad esempio, dovrebbe essere completamente spento e i suoi resti sparsi per impedire agli animali di investigare e potenzialmente farsi male. Mettendo in pratica queste azioni piccole ma significative, manteniamo la natura selvaggia come uno spazio sicuro e pulito sia per gli animali che per i futuri visitatori. Questo rispetto per la terra e i suoi abitanti aiuta a proteggere la biodiversità e promuove un rapporto sostenibile con il mondo naturale.

Una parte importante della conservazione della fauna selvatica è comprendere le esigenze specifiche e le vulnerabilità delle diverse specie. Alcuni animali sono più sensibili alla presenza umana di altri e alcuni habitat sono più delicati e suscettibili ai danni. Ad esempio, le zone umide sono terreni di riproduzione essenziali per gli anfibi, mentre le fitte foreste forniscono riparo ad animali timidi come i cervi. Riconoscere queste distinzioni ci aiuta ad adattare le nostre azioni all'ambiente. Se un'area è nota per essere un terreno fertile o ha un'elevata sensibilità ecologica, è meglio evitarla o procedere con molta cautela. Conoscere le specie locali e le loro esigenze è una parte essenziale del bushcraft responsabile e della conservazione della fauna selvatica.

Convivere rispettosamente con la fauna selvatica richiede anche una mentalità a lungo termine che valorizzi la conservazione. Ogni azione che intraprendiamo in natura, non importa quanto piccola, contribuisce alla salute generale dell'ecosistema. Rispettando gli animali oggi, contribuiamo a garantire che continuino a prosperare per le generazioni future. Ciò significa non solo essere prudenti durante i singoli viaggi, ma anche sostenere sforzi di conservazione più ampi e rispettare le normative volte a proteggere la fauna selvatica. Conoscere le aree protette, le specie in via di estinzione e i programmi di conservazione può approfondire la nostra comprensione dell'ambiente e rafforzare il nostro impegno verso pratiche sostenibili.

Il rispetto della fauna selvatica e la pratica dell'etica del bushcraft vanno di pari passo. Quando manteniamo un atteggiamento rispettoso verso gli animali che incontriamo, non solo sosteniamo il loro benessere, ma miglioriamo anche la nostra esperienza della natura. Osservare gli animali nel loro comportamento naturale, indisturbati e rigogliosi, offre uno sguardo unico sulle meraviglie della natura selvaggia. Ogni incontro diventa un'opportunità per apprezzare la diversità e la complessità della natura, arricchendo il nostro viaggio e ispirando un rispetto più profondo per il mondo che ci circonda.

Attraverso l'osservazione silenziosa, il comportamento responsabile e l'impegno a preservare la natura, diventiamo più che semplici visitatori della natura: diventiamo rispettosi amministratori della terra e delle sue creature. Questa rispettosa convivenza incoraggia un rapporto equilibrato e armonioso con il mondo naturale, dove sia gli esseri umani che gli animali possono continuare a prosperare. Abbracciando questi principi nel bushcraft, onoriamo la natura selvaggia e ci assicuriamo che rimanga un santuario per tutti coloro che dipendono da essa, sia oggi che per le generazioni a venire.

CAPITOLO 8

Realizzazione con materiali naturali

Realizzazione di corde e cordami con piante e corteccia

Realizzare corde e cordami con materiali naturali è un'abilità preziosa nel bushcraft, poiché offre soluzioni pratiche per molte attività nella natura selvaggia. Se hai bisogno di una corda per legare le cose, costruire un riparo o creare trappole, sapere come realizzare una corda resistente con fibre vegetali e corteccia può fare un'enorme differenza. Questo mestiere combina l'approvvigionamento di materiali adatti, la loro lavorazione per ottenere flessibilità e resistenza, quindi la loro torsione o intrecciatura per formare una corda robusta. Con un po' di pazienza e pratica, chiunque può padroneggiare questa abilità e acquisire sicurezza nel creare strumenti direttamente dalla natura.

Il primo passo per realizzare una corda con materiali naturali è trovare le piante o la corteccia giuste. Non tutte le piante funzionano bene per il cordame, quindi è essenziale cercare materiali noti per la loro resistenza e flessibilità. Alcune delle migliori fonti di fibre includono piante come la yucca, l'ortica e l'euforbia. Queste piante hanno fibre forti e lunghe che creano corde durevoli. Anche la corteccia di alberi come il salice, il cedro o il tiglio funziona bene. Queste cortecce sono fibrose, facili da sbucciare e sufficientemente flessibili da poter essere attorcigliate. È meglio usare le piante o la corteccia quando sono fresche perché sono più flessibili e più facili da lavorare. Per sicurezza, assicurati di identificare correttamente ogni pianta o albero prima della raccolta.

Per preparare le fibre vegetali, inizia rimuovendo gli strati esterni del fusto o della corteccia della pianta per accedere alle fibre all'interno. Per piante come la yucca o l'ortica, questo processo di solito comporta il taglio del gambo e la raschiatura dello strato esterno con uno strumento affilato o anche con una roccia liscia. All'interno troverai filamenti fibrosi che possono essere separati separandoli delicatamente. Questo metodo è chiamato "macerazione" e prevede l'immersione delle fibre vegetali in acqua per un giorno o due per ammorbidirle. Una volta inzuppate, le fibre saranno più facili da spellare e separare, creando lunghi fili per la corda.

Se usi la corteccia d'albero, il processo è leggermente diverso. Inizia staccando con cura le strisce di corteccia, preferibilmente in pezzi lunghi. La corteccia fresca è solitamente più flessibile e può essere lavorata rapidamente, ma se è troppo dura, immergere la corteccia in acqua può aiutare ad ammorbidirla. Dopo la pelatura, separare la corteccia in strati più sottili, che possono essere utilizzati come nucleo della corda o attorcigliati insieme per aumentarne la resistenza. Evita di usare il legno interno o la corteccia esterna molto ruvida poiché queste parti sono rigide e non si attorcigliano bene. Questa fase di preparazione è essenziale per creare fibre durevoli e flessibili pronte per l'intrecciatura.

Una volta preparate le fibre, il passo successivo è intrecciarle o attorcigliarle fino a formare una corda resistente. Un semplice metodo di torsione per realizzare la corda è chiamato "torsione inversa". Inizia tenendo due fili di fibra, assicurandoti che abbiano all'incirca la stessa lunghezza. Inizia attorcigliando ogni filo individualmente in una direzione, quindi attorcigliali insieme nella direzione opposta. Questa torsione inversa crea una tensione che mantiene le fibre strettamente legate, impedendo loro di disfarsi. Mentre lavori, aggiungi più fibre sovrapponendo i nuovi pezzi a quelli vecchi, garantendo una lunghezza continua della corda. Questo metodo è semplice e crea una corda sorprendentemente resistente adatta alla maggior parte degli usi all'aperto.

Un altro metodo è l'intreccio, che fornisce ulteriore resistenza ed è particolarmente utile quando hai bisogno di una corda più spessa. Per questo metodo avrai bisogno di almeno tre fili di fibra. Inizia legandoli insieme a un'estremità, quindi incrocia i fili esterni su quello centrale, alternandoli da un lato all'altro. Questa tecnica intreccia le fibre insieme, distribuendo la tensione in modo uniforme e creando una corda robusta. L'intrecciatura richiede più tempo ma si traduce in un cordone più robusto e liscio, che può essere più comodo da maneggiare. La pratica rende perfetti, quindi sperimenta diversi modelli di intrecciatura per trovare quello che funziona meglio per le tue esigenze.

Mentre realizzi la corda, controlla la tensione e il serraggio lungo la lunghezza per assicurarti che sia coerente. Punti allentati o irregolari indeboliscono la corda e possono renderla inaffidabile. È inoltre essenziale continuare ad aggiungere fibre mentre lavori per evitare punti sottili che potrebbero rompersi sotto stress. Una corda ben fatta dovrebbe risultare solida, senza punti deboli. Puoi testarne la forza tirandolo delicatamente o legandolo attorno a un piccolo oggetto per vedere se regge. Se la corda mostra segni di debolezza, potrebbe essere necessario riavvolgerla o aggiungere più fibre per migliorarne la durata.

La corda realizzata con materiali naturali può essere utilizzata in vari modi nel tuo campeggio. Ad esempio, è eccellente per costruire rifugi, impacchettare legna da ardere o creare altri strumenti. In situazioni di sopravvivenza, la corda naturale può essere utilizzata anche per lenze da pesca, trappole o anche per riparazioni di indumenti di emergenza. Sapere che puoi creare corde da piante e cortecce ti dà flessibilità nella natura selvaggia, permettendoti di gestire attività che richiedono una rilegatura sicura. Questa capacità di realizzare i tuoi strumenti rafforza il senso di fiducia in se stessi e di fiducia nella vita all'aria aperta.

La corda naturale ha una qualità rustica e terrosa, ma richiede una manutenzione regolare se prevedi di riutilizzarla. A differenza della corda sintetica, la corda naturale può indebolirsi se esposta a troppa umidità, sole o attrito. Se possibile, conservarlo in una zona asciutta e ombreggiata per evitare che le fibre si deteriorino. Se la corda si bagna, lasciarla asciugare completamente prima di riutilizzarla per preservarne la resistenza. Controlli periodici per sfilacciamenti o assottigliamenti possono aiutarti a individuare tempestivamente i punti deboli e riparare eventuali punti danneggiati ritorcendo o intrecciando nuove fibre secondo necessità.

Un vantaggio di realizzare corde e cordami con materiali naturali è che sono biodegradabili e hanno un impatto minimo sull'ambiente. Le corde sintetiche, sebbene durevoli, spesso lasciano dietro di sé rifiuti di plastica se persi o scartati. Al contrario, la corda naturale si rompe naturalmente nel tempo e non contribuisce all'inquinamento. Questa qualità ecologica si allinea bene con l'etica del bushcraft, che incoraggia il rispetto e la preservazione della natura. Utilizzando i materiali provenienti dalla terra in modo responsabile, riduciamo la nostra impronta ecologica e onoriamo le risorse fornite dalla natura selvaggia.

Creare una corda con piante e corteccia è un'abilità gratificante che ti connette con la conoscenza tradizionale. Le antiche culture di tutto il mondo utilizzavano queste tecniche per creare corde, reti e altri strumenti essenziali, facendo affidamento sul loro ambiente per la sopravvivenza. Praticare la fabbricazione di corde al giorno d'oggi non solo fornisce abilità pratiche, ma favorisce anche l'apprezzamento per l'intraprendenza e la maestria di coloro che sono venuti prima. Questa esperienza pratica arricchisce la tua comprensione del bushcraft e rafforza il tuo legame con la natura.

Il processo di raccolta, lavorazione e torsione delle fibre per formare una corda insegna pazienza, precisione e rispetto per il mondo naturale. Mentre crei corde dall'inizio alla fine, acquisirai informazioni sulla versatilità e la resilienza di piante e alberi. Ogni filo intrecciato nella corda è una testimonianza della forza e della bellezza della natura, rafforzando l'idea che la natura selvaggia fornisce tutto ciò di cui abbiamo bisogno quando ci avviciniamo ad essa con conoscenza e cura. Con queste competenze ti sentirai più preparato e connesso alla terra, rafforzato dalla consapevolezza che puoi creare ciò di cui hai bisogno direttamente dal mondo che ti circonda.

Sgrossatura e semplici tecniche di lavorazione del legno

Scolpire e lavorare il legno con materiali naturali è un'abilità che ci connette profondamente con la natura selvaggia. Usando solo un coltello e del legno trovato, puoi creare strumenti funzionali, utensili o anche piccole opere d'arte. Questa pratica non è utile solo per creare oggetti di cui potresti aver bisogno in natura; è anche calmante e aiuta a sviluppare pazienza, precisione e rispetto per le risorse naturali. Imparare a modellare il legno con cura incoraggia sia la creatività che la consapevolezza di ciò che ci circonda.

Per iniziare a intagliare, hai prima bisogno di un coltello affidabile e affilato. Un piccolo coltello a lama fissa è l'ideale per intagliare il legno. Un coltello smussato rende difficile l'intaglio e può essere pericoloso, poiché dovrai applicare più forza, aumentando il rischio di scivolamenti e tagli. Ricordatevi sempre di maneggiare il coltello in modo sicuro. Tienilo saldamente, staccalo dal corpo e fai attenzione alle tue dita. Anche con la pratica, l'intaglio richiede concentrazione e rispetto per gli strumenti e i materiali con cui lavori.

Fondamentale è anche la scelta del legno giusto da intagliare. Non tutti i legni sono facili da intagliare e alcuni sono più adatti per determinati progetti. I legni teneri come il pino, il cedro e il tiglio sono un'ottima scelta per i principianti perché sono più facili da tagliare e modellare. Il tiglio, in particolare, è comunemente usato per l'intaglio a causa della sua grana fine e della consistenza liscia. I legni duri come la quercia o l'acero sono più difficili da intagliare, ma sono ottimi per creare oggetti durevoli una volta acquisita esperienza. Quando raccogli la legna, cerca legna verde fresca, poiché spesso è più facile da lavorare rispetto alla legna secca. Evita i rami troppo sottili o nodosi, poiché potrebbero rompersi o spezzarsi durante l'intaglio.

Uno dei progetti più semplici e pratici per i principianti è realizzare un picchetto per tenda. Inizia con un bastoncino grosso circa quanto il tuo pollice e lungo circa sei pollici. Usa il coltello per incidere un'estremità del bastoncino fino a ottenere una punta acuminata che possa facilmente conficcarsi nel terreno. Dall'altra estremità, ritaglia una piccola tacca che possa contenere una corda o una corda. Questa tacca fisserà il picchetto una volta piantato nel terreno. Questo semplice progetto ti insegna come modellare il legno con cura e introduce il concetto di intagliare oggetti funzionali.

Creare utensili come un cucchiaio o una spatola può essere una sfida gratificante. Inizia scegliendo un pezzo di legno lungo e largo quanto la tua mano per un cucchiaio o una spatola. Per un cucchiaio, segna dove andrà la ciotola disegnando un ovale a un'estremità. Iniziate scavando con il coltello l'incavo della ciotola, eliminando piccoli pezzi di legno fino a raggiungere la profondità desiderata. Quindi, modella con cura la maniglia, mantenendola comoda da tenere. Per una spatola, dovrai creare una paletta piatta a un'estremità e un manico all'altra. Questi progetti ti insegnano la modellatura, i dettagli e come lavorare lentamente per ottenere superfici lisce e arrotondate senza rompere il legno.

Se sei interessato a creare strumenti semplici, prova a intagliare una piccola mazza o un martello di legno. Scegli un pezzo di legno più spesso e ritaglia un'estremità in modo che sia piatta e larga. Questa estremità sarà la testa del martello. Successivamente, modella l'altra estremità in una maniglia, assicurandoti che sia comoda da tenere. Questo progetto è particolarmente utile se lavori molto il legno, poiché un martello di legno può aiutarti a modellare altri progetti senza danneggiare i tuoi strumenti. Imparerai come bilanciare lo spessore del legno e creare uno strumento pratico e robusto.

Intagliare piccole figure o animali è un altro progetto di lavorazione del legno divertente e creativo. Ad esempio, per scolpire un piccolo animale o una figura si inizia con la scelta di una forma semplice da delineare. Per un uccello, potresti iniziare con un corpo arrotondato e una forma della testa semplice. Inizia scolpendo il contorno generale, quindi perfeziona la forma ritagliando i dettagli. Per i principianti, è utile iniziare con forme semplici e arrotondate prima di aggiungere dettagli fini. Questo processo insegna pazienza e attenzione ai dettagli, aiutandoti a imparare come visualizzare un progetto finito prima di iniziare a scolpire.

Un aspetto fondamentale della lavorazione del legno è praticare diverse tecniche di coltello. Il taglio a spinta è una delle tecniche più comuni, in cui si spinge il coltello in avanti per rimuovere il legno, spesso guidando il coltello con il pollice. Il taglio a trazione, al contrario, implica tirare il coltello verso di sé, il che è utile per un controllo più preciso. Per un intaglio più dettagliato, il taglio di arresto è utile. Con questo taglio si pratica una piccola incisione per creare uno "stop", che consente di incidere fino ad esso senza spaccare il legno. Praticare questi tagli migliora la tua abilità e ti dà un migliore controllo sulla forma del legno.

La sicurezza è particolarmente importante quando si taglia e si lavora il legno. Indossa sempre i guanti se sei nuovo nel maneggiare i coltelli, poiché forniscono una protezione aggiuntiva da tagli accidentali. Assicurati di essere seduto in una posizione comoda, idealmente a un tavolo o con i gomiti appoggiati sulle ginocchia se sei all'aperto. Sii consapevole di ciò che ti circonda, soprattutto se ci sono altri nelle vicinanze. E ricordate, un approccio calmo e paziente riduce il rischio di incidenti e si traduce in un lavoro più pulito e raffinato.

Scolpire significa anche essere attenti all'ambiente. Prendi la legna solo dai rami morti o dai pezzi che trovi a terra, a meno che tu non abbia il permesso di tagliare i rami verdi. Il rispetto della natura è un principio fondamentale del bushcraft. Evita gli sprechi utilizzando tutte le parti del legno e considera sempre se stai lavorando con più del necessario. Questa pratica non solo preserva le risorse, ma si allinea anche con un approccio rispettoso e sostenibile nei confronti del mondo naturale.

Una volta completato un progetto di intagliatura, puoi proteggere e rifinire il legno per un risultato più duraturo. Levigare il pezzo finito può renderlo liscio al tatto, il che è particolarmente utile per utensili o manici. Puoi utilizzare un piccolo pezzo di carta vetrata o una pietra piatta per ottenere una superficie lucida. Per proteggere il legno, potresti applicare un leggero strato di olio naturale, come l'olio d'oliva o minerale, che preserva il legno e gli conferisce una gradevole lucentezza. Questo passaggio non è sempre necessario, ma è un ottimo modo per mantenere intatti i tuoi oggetti intagliati nel tempo, soprattutto se saranno esposti all'umidità o maneggiati frequentemente.

L'intaglio e la lavorazione del legno con materiali naturali sviluppano abilità pratiche e ti avvicinano all'ambiente che ti circonda. Ogni oggetto che crei racconta una storia di intraprendenza e creatività. La pazienza che sviluppi mentre impari a modellare e rifinire il legno si trasmette ad altri ambiti della vita, insegnandoti ad apprezzare sia il processo che il prodotto finito. Lavorare con il legno, soprattutto nella natura selvaggia, ti dà un senso di fiducia in te stesso e di realizzazione, poiché vedi in prima persona come semplici strumenti possono trasformare un pezzo di natura in qualcosa di utile e bello. Questo mestiere mantiene vive anche le abilità tradizionali, collegandoci a un passato in cui le persone si affidavano quotidianamente a queste tecniche.

Creare strumenti e utensili di base in natura

Creare strumenti e utensili di base in natura è un'abilità essenziale nel bushcraft. Ti fornisce gli oggetti necessari per cucinare, costruire o organizzare senza fare affidamento su materiali fabbricati. Utilizzando risorse naturali e un semplice coltello, puoi creare strumenti pratici come ganci, spiedini e spatole. Ognuno di questi oggetti è versatile e utile nella natura selvaggia, dove avere lo strumento giusto può rendere la vita molto più semplice e migliorare la tua esperienza nel bushcraft.

Uno degli oggetti più semplici e utili che puoi realizzare è uno spiedino. Gli spiedini possono essere utilizzati per cuocere il cibo sul fuoco aperto, facilitando l'arrosto di pesce, verdure o piccola selvaggina senza bisogno di pentole o padelle. Per realizzare uno spiedino, inizia selezionando un ramo dritto e verde che abbia lo spessore di una matita. È preferibile la legna verde perché non brucia facilmente. Taglia eventuali rametti o foglie lungo il ramo, rendendolo liscio. Quindi, affila un'estremità fino a raggiungere una punta utilizzando il coltello. Questa estremità appuntita perforerà facilmente il cibo. Una volta pronto lo spiedo, potete posizionarlo sul fuoco o appoggiarlo sulle rocce per cuocere il cibo. Questo semplice strumento è versatile e ti insegna le basi per modellare il legno con il coltello.

Un altro oggetto pratico da realizzare è una spatola. Una spatola è utile per girare il cibo su una roccia piatta usata come piastra o per mescolare gli ingredienti in una pentola. Per realizzare una spatola, scegli un pezzo di legno piatto, idealmente uno delle dimensioni della tua mano. Inizia intagliando un'estremità del legno a forma di pagaia ampia e piatta. Leviga quest'area con il coltello e rendila abbastanza sottile da scivolare sotto il cibo ma abbastanza spessa da non rompersi. Intaglia l'estremità opposta in una maniglia, modellandola in modo che sia comoda da tenere. Questo processo coinvolge sia tecniche base di modellatura che levigatura, dandoti pratica nella lavorazione del legno. Una spatola fatta a mano è un ottimo compagno di cucina, facile da usare e perfetta per mescolare, sollevare e girare il cibo senza rischiare ustioni.

Realizzare ami è un'altra abilità preziosa, soprattutto per allestire contenitori sospesi o creare semplici strumenti da pesca. Un gancio può essere ricavato da un rametto che naturalmente ha una forma curva o ad "Y". Seleziona un ramo robusto dello spessore del tuo pollice e taglia via eventuali foglie in eccesso o piccoli ramoscelli. Intaglia l'estremità più lunga del ramo in una punta acuminata, che fungerà da punta del gancio. Il lato più corto funge da base, che puoi attaccare a una corda o utilizzare per fissare il gancio a qualcosa di stabile. Per la pesca, potresti voler affilare entrambe le estremità e creare una piccola tacca per mantenere la lenza in posizione. Realizzare un gancio richiede attenzione ai dettagli e un'accurata scultura, poiché è necessario mantenere la resistenza del legno. Con la pratica, questi ganci possono essere utilizzati per appendere borse, vestiti o anche per assistere nella pesca, rendendoli uno strumento adattabile per il bushcraft.

Puoi anche creare un bastone da scavo, utile per attività come raccogliere radici commestibili, scavare buche per il fuoco o costruire rifugi. Un bastone da scavo è semplicemente un ramo robusto lungo circa mezzo metro con un'estremità incisa a punta acuminata. Per crearne uno, scegli un ramo relativamente spesso e forte, idealmente con una leggera curva naturale per facilitarne la manipolazione. Usa il coltello per incidere l'estremità del ramo in una forma piatta, simile a uno scalpello. Questa estremità appuntita può sfondare il terreno e sollevare rocce o piante. Un bastone da scavo può sembrare semplice, ma può farti risparmiare molta energia aiutandoti a scavare con il minimo sforzo. Questo strumento dimostra anche il valore dell'utilizzo efficace delle risorse naturali, poiché un singolo ramo diventa un oggetto multiuso nel tuo kit bushcraft.

Intagliare un cucchiaio è un progetto che unisce funzionalità e artigianalità, ed è utile per mangiare e mescolare il cibo. Scegli un pezzo di legno lungo quanto la tua mano e largo quanto la ciotola di un cucchiaio. Inizia ritagliando la ciotola del cucchiaio raschiando via piccoli pezzetti di legno con la punta del coltello. Lavora lentamente e con attenzione per creare una ciotola liscia e arrotondata che possa contenere liquidi. Una volta scolpita la ciotola, passate alla modellatura del manico. Rendilo liscio e confortevole, consentendo una presa salda. Realizzare un cucchiaio insegna precisione, pazienza e attenzione ai dettagli, poiché è necessario modellare sia la ciotola che il manico senza spaccare il legno. Con la pratica, questa abilità può anche portare a creare altri utensili, ognuno dei quali si aggiunge alle tue abilità nel bushcraft.

Per progetti più grandi, puoi provare a creare un martello. Un martello è uno strumento utile per battere i pali, rompere materiali o modellare altri oggetti in legno. Scegli un pezzo di legno spesso, idealmente spesso quanto il tuo polso e lungo da 12 a 18 pollici. Intaglia un'estremità del legno in una forma arrotondata e piatta per martellare, mentre modella l'altra estremità in un manico. Questo processo richiede un'attenta modellatura, poiché vorrai che la testa del martello sia pesante e che il manico sia comodo da tenere. Una volta completato, un martello è prezioso per le attività di costruzione, dal martellare i picchetti della tenda allo rompere i dadi. Creare una mazza implica modellare sezioni di legno più grandi e comprendere l'equilibrio tra resistenza e usabilità, rendendolo un progetto eccellente per abilità intermedie.

Realizzare un bastoncino per arrostire biforcuto è un altro progetto pratico. Simile ad uno spiedo ma con due rebbi, permette di tenere saldamente il cibo sul fuoco, utile soprattutto per i cibi che tendono a scivolare. Per realizzare un bastoncino per arrostire, trova un ramo con una forma naturale a "Y" e taglialo alla lunghezza desiderata, di solito circa mezzo metro o mezzo metro. Affilare le punte di ciascun polo fino a raggiungere una punta, consentendo loro di forare facilmente il cibo. Il bastoncino per arrosti biforcuto è particolarmente utile per arrostire marshmallow o salsicce, mantenendoli in posizione durante la cottura. È un progetto semplice che ti insegna come adattare le forme naturali in strumenti utili.

Mentre ti eserciti a realizzare questi strumenti di base, imparerai l'importanza di procurarti il legno adatto e di adattare le tue tecniche per forme diverse. Ogni progetto insegna anche l'importanza della pazienza, poiché la fretta può portare a errori o a oggetti rotti. Inoltre, creare strumenti con materiali naturali incoraggia l'intraprendenza, poiché crei oggetti utili direttamente da ciò che è disponibile intorno a te.

Creare i tuoi strumenti enfatizza anche l'etica del bushcraft, poiché diventi più consapevole di utilizzare solo ciò che è necessario e di lasciare un impatto minimo sull'ambiente. Selezionando rami caduti o legna secca invece di tagliare alberi vivi, contribuisci a un rapporto sostenibile con la natura. Ogni strumento che crei rafforza il principio del rispetto per le risorse fornite dalla natura selvaggia.

Creare strumenti e utensili funzionali in natura è molto più di una semplice abilità di sopravvivenza; è un modo per connettersi con la natura, costruire fiducia in se stessi e apprezzare la semplicità della lavorazione manuale. Ogni progetto, che si tratti di uno spiedino o di un cucchiaio intagliato, contribuisce alla tua conoscenza del bushcraft e alla tua fiducia nella natura selvaggia. Con la pratica, queste abilità ti consentono di gestire vari compiti in modo indipendente, facendoti sentire più a tuo agio nel mondo naturale.

CAPITOLO 9

Tecniche di cucina Bushcraft

Metodi di cottura sicuri ed efficienti senza pentole

Cucinare senza pentole e padelle è un'abilità preziosa nel bushcraft, poiché ti consente di preparare il cibo direttamente sul fuoco o su superfici naturali utilizzando solo strumenti di base. Arrostire su bastoncini, grigliare su pietre calde e seppellire il cibo nella brace sono tutti modi efficaci per cucinare nella natura selvaggia. Questi metodi richiedono un'adeguata gestione del fuoco e alcune considerazioni sulla sicurezza per garantire che il cibo cuocia in modo uniforme senza bruciarsi.

La cottura su bastoncini è uno dei metodi più semplici ed accessibili. Per iniziare, trova un bastoncino verde e robusto che non bruci facilmente; i legni duri come il salice o l'acero sono buone opzioni. Taglia via eventuali cortecce o piccoli rami per creare una superficie di cottura liscia. Affila un'estremità del bastoncino, permettendogli di forare alimenti come pesce, salsicce o persino verdure. Durante la cottura, tenere lo stecco sopra il fuoco, ruotandolo lentamente per cuocere il cibo in modo uniforme ed evitare che si bruci. Puoi appoggiare il bastoncino su un paio di rocce o appoggiarlo a un ramo sopra il fuoco. La cottura su bastoncini è ideale per piccoli oggetti e richiede molta attenzione per evitare una cottura eccessiva. Questo metodo offre un'esperienza culinaria pratica e fa risaltare il sapore affumicato del cibo.

Grigliare su pietre calde è un'altra tecnica efficace che funziona bene per cibi piatti, come filetti di pesce, fette sottili di carne o verdure. Inizia raccogliendo pietre lisce e piatte e posizionandole direttamente nel fuoco. Lasciare riscaldare le pietre per circa 20-30 minuti finché non diventano molto calde. Una volta riscaldate, spostate con attenzione le pietre sul bordo del fuoco, lontano dalle fiamme dirette ma abbastanza vicine da mantenerne il calore. Appoggia il cibo direttamente sulla superficie della pietra, che funge da piastra naturale. Questo metodo di cottura è semplice, poiché la superficie della pietra calda rosola il cibo, trattenendo sapori e succhi senza la necessità di pentole o padelle. Assicurati di controllare spesso il cibo, girandolo per evitare che si attacchi e bruci.

Un'altra tecnica versatile di cottura nel bushcraft è la cottura a carbone, in cui si utilizzano carboni ardenti anziché fiamme dirette per cuocere il cibo. Inizia accendendo un fuoco e lasciandolo bruciare fino a diventare carboni ardenti. Avvolgi il cibo in una grande foglia verde, come foglie di cavolo o piantaggine, oppure mettilo in un involucro di argilla naturale. Successivamente, seppellite il cibo avvolto nei carboni ardenti, ricoprendolo interamente con uno strato sottile. Questo metodo intrappola il calore attorno al cibo, cuocendolo lentamente e in modo uniforme. La cottura al carbone è particolarmente indicata per ortaggi a radice come patate o alimenti come il pesce. Il risultato è un pasto tenero e ben cotto con un sapore ricco e terroso. Tuttavia, il tempismo è essenziale, quindi controlla periodicamente per evitare una cottura eccessiva.

Cucinare con gli spiedini, simile all'arrosto su stecchi, consente combinazioni di piatti più creative, come i kebab. Infila pezzi di carne, verdure e persino frutta su un bastoncino affilato o dividi il bastoncino per creare uno spiedino biforcuto. Mettete lo spiedo sul fuoco basso, girandolo di tanto in tanto per far cuocere ogni lato. Questo metodo ti consente di sovrapporre i sapori, combinando elementi come cipolle, peperoni e carne per un pasto equilibrato e gustoso. È un metodo flessibile adatto a vari ingredienti, rendendolo una scelta popolare nella cucina bushcraft. Lo spiedo fornisce anche il controllo sul tempo di cottura, poiché puoi avvicinare o allontanare lo spiedo dal fuoco secondo necessità.

La cottura con la cenere calda è un altro metodo tradizionale particolarmente utile per cuocere ortaggi a radice o arrostire le uova. Per utilizzare questa tecnica, accendi un fuoco e lascialo bruciare finché non ottieni un letto di cenere morbida e bianca. Spazzola via le braci grandi e ancora accese e metti il cibo direttamente nella cenere. Copritela leggermente con altra cenere e lasciatela cuocere. Questa tecnica offre un calore lento e delicato, ideale per gli alimenti che necessitano di più tempo per ammorbidirsi. Per le uova, mettile semplicemente nella cenere e cuoceranno all'interno del guscio. Per quanto riguarda gli ortaggi a radice, potete avvolgerli nelle foglie prima di metterli nella cenere. La cottura con la cenere calda è un metodo paziente, che spesso produce risultati teneri e perfettamente cotti.

Il tavolato antincendio è un altro metodo, spesso utilizzato per i pesci più grandi. Avrai bisogno di un pezzo di legno piatto, privo di linfa o resina, che funga da superficie di cottura. Dopo aver fissato il pesce o la carne alla tavola utilizzando dei bastoncini verdi, posizionare la tavola in posizione verticale accanto al fuoco. Posizionarlo in un angolo in cui il calore raggiunga il cibo senza incendiare la tavola. Questo metodo cuoce lentamente il cibo, infondendogli un delizioso sapore affumicato. Il piano di cottura funziona bene quando è necessario cuocere lentamente porzioni più grandi, ma richiede un posizionamento accurato e attenzione per garantire che il cibo cuocia in modo uniforme senza che il piano prenda fuoco.

La gestione del fuoco per questi metodi di cottura è una parte essenziale del processo. Nelle cotture direttamente sulla fiamma, mantenere il fuoco basso per evitare che il cibo bruci all'esterno rimanendo crudo all'interno. Mantenere una fornitura costante di carboni ardenti è l'ideale per un calore uniforme e affidabile, il che è particolarmente importante per i metodi di cottura alla griglia o al carbone.

Accendere sempre il fuoco in una fossa sicura circondata da pietre o scavata nel terreno per controllarne la diffusione. Anche il vento può influenzare la tua cucina, quindi usa dei frangivento naturali, come rocce o una piccola sporgenza, per proteggere il fuoco.

Manipolare il cibo in modo sicuro attorno al fuoco è fondamentale per evitare ustioni e garantire che il cibo sia cotto correttamente. Usa bastoncini o utensili per spostare il cibo attorno al fuoco, tenendo le mani a distanza di sicurezza. Quando si utilizzano bastoncini verdi o assi di legno, prestare attenzione al trasferimento di calore; a volte, i bastoncini possono diventare molto caldi e causare ustioni se tenuti troppo vicini per troppo tempo. Inoltre, assicurati sempre che il cibo sia completamente cotto prima di mangiarlo, soprattutto la carne, per evitare potenziali rischi per la salute.

Questi metodi tradizionali di cucina bushcraft offrono una profonda connessione con la natura utilizzando fuoco e materiali naturali. Ogni metodo insegna intraprendenza, pazienza e apprezzamento per tecniche di cucina semplici e sostenibili. Non solo questi metodi sono efficaci nella natura selvaggia, ma conferiscono anche al cibo un sapore unico che non può essere replicato in una cucina moderna.

Oltre alle tecniche di cottura di base, è importante comprendere la sicurezza antincendio. Assicurati sempre che il fuoco sia completamente spento dopo l'uso, coprendolo con acqua o terra finché non rimangono braci. Una corretta gestione degli incendi previene incendi accidentali, rispettando l'ambiente e la fauna selvatica che ti circonda. Ogni metodo di cottura è in linea con i principi dell'impatto minimo, poiché si basa su risorse naturali facilmente disponibili nella natura selvaggia senza danneggiare l'ecosistema.

Cucinare senza pentole richiede creatività e un attento controllo del fuoco, ma è un'abilità gratificante che ti permette di gustare cibi gustosi e ben preparati all'aria aperta. Che si tratti di arrostire su uno stecco, grigliare su pietre o utilizzare la cenere calda, questi metodi ti garantiscono di poter preparare un pasto soddisfacente utilizzando solo ciò che la natura fornisce. Con la pratica, imparerai l'arte della cucina bushcraft, godendoti i sapori e le esperienze unici che derivano da queste tecniche consolidate nel tempo.

Forni a pietra, a legna e in terra

La cottura su pietra, la cottura su stecco e la costruzione di un forno in terra sono eccellenti tecniche di bushcraft per preparare il cibo nella natura selvaggia. Ciascun metodo offre vantaggi unici, si basa su materiali naturali e utilizza il fuoco in modi diversi per creare pasti sicuri e deliziosi. L'apprendimento di questi metodi fornisce preziose abilità di cucina all'aperto e un apprezzamento per l'utilizzo di risorse minime.

La cottura su pietra è una delle tecniche bushcraft più semplici, che utilizza pietre piatte e resistenti al calore come superficie di cottura. Per iniziare, raccogli alcune pietre grandi e piatte da un'area priva di umidità per evitare crepe dovute alla pressione del vapore. Evitare le pietre provenienti dai letti dei fiumi o da aree con elevati livelli di umidità, poiché potrebbero esplodere se riscaldate. Dopo aver scelto le pietre adatte, posizionatele direttamente nel braciere e lasciatele riscaldare per circa 20-30 minuti. Una volta che le pietre saranno ben calde, spostatele con attenzione verso il bordo del fuoco, dove manterranno il calore senza bruciare il cibo.

Posiziona il cibo direttamente su queste pietre calde. Questo metodo funziona particolarmente bene con oggetti piatti, come tagli sottili di carne, filetti di pesce e persino piccole verdure. Poiché le pietre forniscono un calore uniforme e radiante, cuociono il cibo in modo uniforme senza fiamme dirette. Tieni d'occhio il cibo, girandolo secondo necessità per evitare che si attacchi o si bruci. La cottura su pietra è efficace perché il calore è costante, rendendola un'ottima opzione per cucinare più alimenti contemporaneamente. Puoi utilizzare questa tecnica anche per preparare il bannock, una semplice focaccia, stendendo l'impasto direttamente sulla superficie della pietra.

La cottura con bastoncini, spesso nota come arrostimento allo spiedo o allo spiedo, è un'altra tecnica bushcraft che utilizza bastoncini o rami verdi per tenere il cibo su una fiamma libera. Inizia selezionando legno verde robusto e fresco come il salice o l'acero, poiché non bruciano facilmente. Taglia il bastoncino, rimuovendo eventuali foglie, corteccia o piccoli rami. Affila un'estremità per forare alimenti come pesce, salsicce o pezzi di verdura. Se cucini cibi delicati, puoi dividere leggermente il bastoncino per creare un'estremità biforcuta, che aiuta a tenere il cibo saldamente in posizione.

Tieni lo stecco sopra il fuoco, posizionandolo ad un'altezza sicura in modo che il cibo cuocia lentamente senza bruciarsi. Ruotando di tanto in tanto lo stecchino si garantisce una cottura uniforme. Questo metodo è particolarmente indicato per gli alimenti che beneficiano del calore diretto, come gli spiedini di carne, i marshmallow e alcuni tipi di verdure. La cottura stick è ideale per pasti veloci e consente di regolare la vicinanza del cibo al fuoco per un migliore controllo. Utilizzando più bastoncini, puoi creare una semplice griglia per falò disponendoli su pietre su entrambi i lati del fuoco, consentendo un'esperienza di cucina a mani libere.

La creazione di un forno a terra, noto anche come cottura a fossa, è un metodo di cottura bushcraft più elaborato ma altamente efficace. Per costruire un forno terrestre, inizia scavando una buca nel terreno profonda circa 2-3 piedi e larga abbastanza da contenere il cibo. Dopo aver scavato, rivesti il fondo e i lati della fossa con delle pietre. Ciò aiuta a trattenere il calore in modo uniforme, garantendo una cottura accurata. Raccogli la legna e mettila sul fondo della fossa, quindi accendi il fuoco. Lasciarlo bruciare fino a quando il legno si riduce a un letto di carboni ardenti e le pietre sono completamente riscaldate.

Avvolgi il cibo in modo sicuro in foglie grandi (come foglie di cavolo o piantaggine) o mettilo in un involucro di argilla per proteggerlo dal contatto diretto con i carboni. Alimenti come ortaggi a radice, pesce intero e carne funzionano bene nei forni a terra perché cuociono lentamente, permettendo ai sapori di svilupparsi. Una volta avvolto, adagiate il cibo sulle pietre calde, ricoprendolo con uno strato di carboni e riempiendo poi il resto della fossa con la terra. Questo crea un ambiente sigillato in cui il cibo cuoce a vapore e cuoce, ottenendo piatti teneri e saporiti. La tempistica dipenderà dalle dimensioni del cibo, ma in genere sono necessarie 1-3 ore. Scopritelo con attenzione per evitare di scottarvi e godetevi un pasto ben cotto.

Queste tre tecniche bushcraft offrono diversi stili di cucina adatti a vari cibi e situazioni. La cottura su pietra è perfetta per pasti veloci alla griglia con una fonte di calore costante, mentre la cottura su stecco consente di grigliare manualmente su una fiamma libera. Il forno terrestre, d'altro canto, è un metodo più lento e controllato per pasti più grandi, creando un gusto unico difficile da replicare con i metodi di cottura moderni. Ogni approccio enfatizza l'uso di materiali naturali, l'adattamento all'ambiente e la cucina efficiente con strumenti minimi. Attraverso queste tecniche, la cucina bushcraft diventa non solo un'abilità di sopravvivenza ma anche un modo per connettersi con i ritmi e i sapori della natura.

Semplici ricette Bushcraft per principianti

Preparare semplici ricette bushcraft con ingredienti raccolti è un ottimo modo per godersi i sapori naturali della natura selvaggia. Utilizzando ingredienti comuni e accessibili come radici, pesce e frutti di bosco, queste semplici ricette richiedono attrezzature minime e competenze di base, rendendole perfette per i principianti.

Una delle ricette bushcraft più semplici e nutrienti sono le radici arrostite. Per questo, dovrai cercare radici commestibili come carote selvatiche, radice di bardana o rizomi di tifa, che sono tutti nutrienti e facili da riconoscere. Inizia pulendo accuratamente le radici per rimuovere lo sporco. Se necessario, raschia via lo strato esterno con un coltello, così sarà più facile mangiarli. Una volta pulite, affettare le radici in pezzi regolari, questo aiuta a cuocerle in modo uniforme. Per cucinare, posizionare le radici affettate su una pietra piatta riscaldata dal fuoco o infilzarle su bastoncini verdi. Fateli arrostire sul fuoco, girandoli di tanto in tanto, finché saranno teneri e avranno un colore leggermente dorato. La tostatura esalta la dolcezza e i sapori naturali delle radici, rendendolo uno spuntino gustoso ed energizzante. Se disponibile potete condire con un pizzico di sale, ma sono buonissimi anche da soli.

Un'altra ricetta classica del bushcraft è il pesce grigliato al fuoco. I pesci appena pescati come la trota, il pesce persico o il branzino sono l'ideale, ma assicurati sempre che provenga da una fonte di acqua pulita. Iniziate eviscerando e pulendo il pesce; rimuovere le squame può essere utile ma non è strettamente necessario. Sciacquate il pesce per eliminare eventuali residui e asciugatelo con un panno o delle foglie. Se hai erbe selvatiche come rosmarino, aglio selvatico o anche aghi di pino, inseriscile nel pesce per insaporire. Posizionare il pesce su una pietra preriscaldata o infilzarlo su un bastoncino verde. Cuocere a fuoco medio, girando di tanto in tanto, finché la carne del pesce non si sfalderà facilmente con una forchetta o un bastoncino. Dovrebbero volerci circa 10-15 minuti, a seconda delle dimensioni del pesce. Il risultato è un pesce delizioso e friabile con un pizzico di affumicatura proveniente dal fuoco ed erbe naturali.

Per una bevanda calda e rilassante, prova a preparare un tè ai frutti di bosco. Puoi usare frutti di bosco come mirtilli, more o lamponi, facili da trovare in natura. Scegli solo bacche mature e carnose, poiché in alcuni casi le bacche acerbe possono essere acide o addirittura leggermente tossiche. Sciacquateli delicatamente per rimuovere eventuali residui di sporco o insetti. Schiaccia una manciata di frutti di bosco in una tazza o in una pentola per rilasciare i loro succhi e sapori. Se hai erbe selvatiche come la menta, puoi aggiungere qualche foglia per un sapore extra. Far bollire l'acqua sul fuoco in una pentola o utilizzando pietre riscaldate, quindi versare l'acqua calda sulle bacche e lasciarle macerare per circa 5-10 minuti. Una volta che il tè ha raggiunto un colore e un aroma ricchi, filtrare le bacche se lo si desidera e sorseggiare la bevanda calda. Il tè ai frutti di bosco è una bevanda rinfrescante e ricca di vitamine che può aumentare la tua energia e mantenerti idratato.

Un altro pasto facile da preparare sono le verdure foraggiate con un condimento semplice. Avrai bisogno di verdure commestibili come foglie di tarassaco, spinaci selvatici o cerastio. Queste piante sono comuni in molti luoghi e facili da riconoscere. Lavare accuratamente le verdure e tagliarle a pezzetti. Se trovate ingredienti come l'aglio orsino o la melissa, tritateli finemente per aggiungere un tocco di sapore. Per il condimento, mescola un pizzico di sale (se disponibile) e un filo di olio a tua disposizione. Condisci le verdure con il condimento e goditi questa insalata fresca e ricca di sostanze nutritive. Le verdure forniscono vitamine essenziali e il semplice condimento ne esalta il sapore.

Per un piatto più abbondante, prova a preparare il porridge di ghiande se ti trovi in una zona con querce. Le ghiande sono ricche di grassi e proteine, che le rendono un prezioso alimento selvatico, ma contengono tannini, che devono essere rimossi per evitare amarezza. Iniziate sgusciando le ghiande e schiacciandole in piccoli pezzi. Immergerli in acqua fredda per diverse ore, cambiando l'acqua regolarmente finché non diventa limpida, il che indica che i tannini sono stati rimossi. Una volta lisciviate, macinare le ghiande fino a ridurle in una farina grossolana o in una poltiglia. Aggiungere l'acqua e cuocere il composto sul fuoco finché non si sarà addensato e avrà la consistenza di un porridge. Puoi aggiungere frutti di bosco o miele (se disponibile) per dolcezza. Il porridge di ghiande è caldo, saziante e fornisce energia duratura per le attività di bushcraft.

Per uno spuntino bushcraft, prova noci e semi tostati. Se trovi noci, nocciole o semi di girasole, raccogline una manciata per creare uno spuntino delizioso e nutriente. Rompete le noci e pulite i semi, quindi metteteli ad arrostire su una roccia piatta vicino al fuoco. Teneteli d'occhio, girandoli di tanto in tanto, perché possono bruciarsi facilmente. La tostatura ne esalta i sapori, donando una croccantezza appagante e rendendoli più digeribili. Noci e semi sono un'ottima fonte di proteine e grassi sani, perfetti per mantenere alta l'energia durante le attività all'aperto.

La cucina Bushcraft consiste nello sfruttare al massimo ciò che la natura offre. Queste semplici ricette – radici arrostite, pesce alla griglia, tè ai frutti di bosco, verdure foraggiate, porridge di ghiande e noci tostate – sono tutte facili da preparare e richiedono pochi strumenti e solo ingredienti di base. Ogni pasto unisce praticità e gusto, consentendo ai principianti di godersi l'esperienza di cucinare con ingredienti foraggiati. Inoltre, forniscono nutrienti essenziali, mantenendoti energico e connesso all'ambiente naturale. Che tu sia in campeggio per una notte o che trascorri un lungo periodo nella natura selvaggia, queste ricette offrono un modo soddisfacente per goderti i sapori della natura selvaggia.

CAPITOLO 10

Costruire una mentalità Bushcraft

Esercitare la pazienza e le capacità di osservazione

Praticare la pazienza e l'osservazione è una parte fondamentale dello sviluppo di una vera mentalità da bushcraft. A differenza del ritmo frenetico della vita moderna, la natura si muove lentamente e segue i propri ritmi. Imparare ad adattarsi a questo ritmo naturale può migliorare le tue abilità nel bushcraft e approfondire il tuo apprezzamento per la natura selvaggia. Uno dei modi migliori per esercitare la pazienza è osservare i dettagli intorno a te, dai piccoli cambiamenti nelle piante alle abitudini degli animali e ai cambiamenti del tempo.

Quando presti molta attenzione alle piante, puoi notare cose che all'inizio potrebbero sembrare poco importanti ma che in realtà sono lezioni preziose di pazienza e osservazione. Le piante crescono gradualmente, avvicinandosi al sole giorno dopo giorno, e questa crescita può dirti molto sulla stagione, sul clima e sui tipi di piante che prosperano in condizioni specifiche. Osservare il ciclo di vita di una singola pianta ti aiuta a riconoscere le piante commestibili e medicinali nelle diverse fasi, a identificare i cambiamenti nel paesaggio e a sapere quando saranno disponibili determinate risorse. Ad esempio, i denti di leone iniziano come piccoli germogli, crescono le foglie, producono fiori gialli e infine formano le teste dei semi. Osservare lo svolgersi di queste fasi ti aiuta a comprendere i tempi e la disponibilità, che sono competenze importanti per la ricerca del cibo.

Il comportamento animale è un'altra ricca area in cui praticare l'osservazione. Osservando gli animali, puoi conoscere i loro schemi quotidiani e il modo in cui interagiscono con l'ambiente. Gli animali hanno delle routine; si nutrono, riposano, si puliscono e cercano l'acqua in orari specifici. Se osservi attentamente, noterai i loro schemi e imparerai persino a prevedere quando potrebbero apparire in determinati luoghi. Ad esempio, i cervi spesso si recano alle fonti d'acqua al mattino presto e alla sera tardi. Gli uccelli sono attivi all'alba e al tramonto, riempiendo la foresta con i loro canti. Notare queste abitudini ti aiuta a trovare fonti di cibo, come noci e bacche, che anche gli animali cercano, e ti insegna come muoverti silenziosamente senza disturbare la fauna selvatica. Questa pratica ti ricorda anche il tuo posto all'interno dell'ecosistema, poiché gli animali ti rispondono come un'altra presenza nel loro mondo.

L'osservazione del tempo è un'altra abilità che aumenta la pazienza e ti aiuta ad adattarti ai ritmi della natura. Nella natura selvaggia, il tempo può cambiare inaspettatamente e comprendere questi cambiamenti può aiutarti a mantenerti al sicuro.

Osservando il cielo, puoi iniziare a notare le differenze tra il bel tempo e le nuvole temporalesche, la direzione e la velocità del vento e i segni del cambiamento delle condizioni. Ad esempio, un improvviso calo della temperatura spesso segnala l'avvicinarsi della pioggia o della neve, mentre le nuvole che si addensano in un certo modo possono indicare un temporale. Osservare questi segnali ti insegna a prepararti, apportando modifiche al tuo rifugio, al fuoco e ai vestiti. L'osservazione dei modelli meteorologici può anche guidarti sul momento migliore per raccogliere acqua, accendere un fuoco o procurarsi il cibo, poiché le diverse condizioni meteorologiche influiscono sulla disponibilità delle risorse.

Un esercizio potente per coltivare la pazienza è praticare la quiete silenziosa nella natura. Trova un posto comodo, siediti e rimani fermo e in silenzio per un po' di tempo. All'inizio potresti sentirti irrequieto, ma con la pratica noterai che i tuoi sensi si acuiscono. Il fruscio delle foglie, il canto degli uccelli e il correre dei piccoli animali diventano più chiari. Questa quiete ti consente di fonderti con l'ambiente, rendendo più facile osservare gli animali da vicino e sperimentare l'energia pacifica della natura. Questa pratica insegna anche la pazienza poiché sposta la tua attenzione dalla fretta delle attività al semplice atto di essere presente.

Un altro approccio per sviluppare una mentalità paziente e attenta è studiare i cicli naturali nel tempo. Ritorna nella stessa zona in momenti diversi della giornata, con condizioni meteorologiche variabili e durante il cambiamento delle stagioni. Osserva come appare, odora e si sente in condizioni diverse. Nota quali piante prosperano in determinate stagioni, quando gli uccelli sono più attivi e come cambiano i comportamenti degli animali in base alla temperatura e alla disponibilità di cibo. Vedrai che la natura selvaggia ha un ritmo e ogni parte della natura è interconnessa. Man mano che acquisisci familiarità con questi cicli, sviluppi una comprensione che non è affrettata ma piuttosto richiede tempo, proprio come la natura stessa.

Il monitoraggio incoraggia anche la pazienza e l'attenzione ai dettagli. Segui le tracce di un animale, osservando impronte, escrementi e rami spezzati per capire dove è andato l'animale, cosa stava facendo e persino la sua dieta e salute. Il monitoraggio ti insegna a notare i dettagli sottili e a pensare in modo critico a ciò che rivela ogni indizio. Seguire la traccia di un animale può richiedere ore di movimento attento e di osservazione silenziosa. Questa concentrazione e determinazione accrescono la pazienza, poiché non esistono scorciatoie per comprendere il percorso di un'altra creatura.

Inoltre, imparare a usare i tuoi sensi in nuovi modi migliora le tue capacità di osservazione. La maggior parte delle persone fa molto affidamento sulla vista, ma in natura tutti i sensi possono essere utili. Ascolta suoni distanti come l'acqua che scorre, i richiami degli animali o il fruscio delle foglie. Annusa l'aria per individuare eventuali tracce di piante, fiori o fumo proveniente da un incendio vicino. Il tocco può anche essere informativo; sentire la consistenza delle piante e la temperatura del suolo ti dà indizi su ciò che ti circonda. Questi sensi fanno parte dell'osservazione e ti aiutano a sintonizzarti sulle sfumature della natura e a comprendere meglio l'ambiente che ti circonda.

Praticare la pazienza e l'osservazione non è utile solo per la sopravvivenza; promuove anche il rispetto per la natura. Comprendere l'importanza di ogni pianta, animale e modello meteorologico ti insegna ad apprezzare la natura selvaggia a un livello più profondo. Inizi a vedere che ogni parte dell'ecosistema gioca un ruolo e che le tue azioni possono avere un impatto sull'equilibrio della natura. Questo rispetto è una pietra angolare della mentalità del bushcraft e incoraggia un'interazione responsabile e consapevole con l'ambiente.

Man mano che sviluppi la pazienza, scoprirai che il bushcraft è molto più di un semplice insieme di abilità; è un modo di vedere e comprendere il mondo. Il processo non consiste nell'affrettarsi per raggiungere obiettivi specifici, ma nello sperimentare il viaggio di apprendimento, adattamento e connessione con il mondo naturale. Praticare l'osservazione e la pazienza ti insegna la resilienza, la consapevolezza e l'adattabilità, tutte cose che ti rendono un praticante del bushcraft migliore e una persona più consapevole. Questo approccio paziente e attento è al centro della mentalità del bushcraft e ti aiuta a sentirti veramente a casa nella natura selvaggia.

Coltivare il rispetto per la natura e l'etica della natura selvaggia

Il rispetto della natura è fondamentale nella mentalità del bushcraft. Nel bushcraft impariamo non solo come sopravvivere nella natura selvaggia, ma anche come farlo in modo da onorare e preservare l'ambiente. Sviluppare un rapporto rispettoso con la natura significa comprendere che siamo ospiti nella natura. Questo atteggiamento richiede che trattiamo la terra con cura, mostriamo gratitudine per le sue risorse e pratichiamo un approccio "non lasciare traccia" per garantire che la bellezza e l'equilibrio della natura selvaggia rimangano intatti per gli altri, comprese le generazioni future.

Un modo importante per mostrare rispetto per la natura è praticare un approccio "non lasciare traccia". Questo principio è semplice: non prendere nulla e non lasciare nulla dietro. Quando sei in natura, è essenziale evitare di lasciare segni della tua presenza, che si tratti di spazzatura, cibo avanzato o piante danneggiate. Ogni rifiuto incide sull'ambiente e può danneggiare gli animali, inquinare l'acqua e rovinare la bellezza naturale di un'area. Anche piccole cose come bucce di frutta o pezzetti di carta possono distruggere gli ecosistemi. Quando trasporti oggetti nella natura selvaggia, assicurati di imballarli e di smaltirli correttamente una volta tornato alla civiltà.

Il rispetto si estende anche all'uso attento delle risorse naturali. Nel bushcraft, potresti dover raccogliere piante, legno o acqua per sopravvivere, ma è fondamentale farlo in modo da non danneggiare l'ambiente. Ad esempio, quando raccogli piante per cibo o medicine, prendi solo ciò di cui hai bisogno e lasciane abbastanza affinché le piante possano rigenerarsi. Il raccolto eccessivo può portare all'esaurimento delle risorse, rendendo difficile la prosperità di quelle piante e il beneficio da parte dei futuri viaggiatori o della fauna selvatica. Anche il taglio del legno dovrebbe essere fatto con consapevolezza; evita di tagliare alberi vivi e raccogli invece rami morti o caduti, che sono più sostenibili e soddisfano altrettanto bene le tue esigenze.

Parte di un atteggiamento rispettoso è mostrare gratitudine per ciò che la natura offre. Ogni pianta, albero, ruscello e animale allo stato selvatico ha uno scopo e svolge un ruolo nell'ecosistema. Quando prendiamo risorse dalla natura, esprimere gratitudine ci ricorda che queste risorse sono doni, non diritti. Questo atteggiamento di gratitudine coltiva la consapevolezza, aiutandoci a riconoscere che la natura non è una riserva infinita, ma un sistema vivente e respirante che richiede la nostra cura e considerazione. Anche qualcosa di semplice come riconoscere la bellezza di una foresta o la quiete di un lago può ricordarci di procedere con leggerezza e lasciare tutto come lo abbiamo trovato.

Anche comprendere il comportamento della fauna selvatica è una parte fondamentale del rispetto. Molti animali selvatici sono sensibili alla presenza umana e disturbare la loro routine naturale può stressarli e persino minacciare la loro sopravvivenza. Osservare la fauna selvatica da una distanza di sicurezza, evitare rumori forti e rispettare gli habitat degli animali aiuta a prevenire danni accidentali. Evita di avvicinarti a nidi, tane o zone di alimentazione, poiché ciò potrebbe spaventare gli animali e interrompere la loro routine. Gli animali dipendono dal loro habitat per trovare cibo, riposare e allevare i propri piccoli, quindi il rispetto di questi spazi garantisce la loro sicurezza e consente loro di continuare la loro vita indisturbati.

Accendere fuochi nella natura selvaggia è un altro ambito in cui il rispetto e la responsabilità sono essenziali. Il fuoco può essere uno strumento utile nel bushcraft per cucinare e riscaldarsi, ma può anche comportare rischi significativi per l'ambiente. Quando accendi un fuoco, scegli attentamente un punto; lontano da erba secca, alberi o altri materiali infiammabili e utilizzare un anello di fuoco, se disponibile. Liberare l'area attorno al luogo dell'incendio e avere acqua nelle vicinanze aiuta a garantire che l'incendio rimanga controllato e non si diffonda. Una volta finito, spegni completamente il fuoco, assicurandoti che non rimangano braci che potrebbero riaccendersi e provocare un incendio.

Gli incendi possono lasciare cicatrici sul terreno, quindi, quando possibile, utilizzare alternative come stufe portatili per ridurre al minimo l'impatto.

Nel bushcraft è anche importante capire che la natura ha un ritmo proprio. Le stagioni, i modelli meteorologici e i comportamenti degli animali seguono tutti cicli che aiutano a mantenere l'equilibrio. Rispettare questo ritmo significa adattarsi ad esso piuttosto che costringere la natura a soddisfare i nostri bisogni. Ad esempio, alcune piante e animali attraversano periodi delicati, come la stagione riproduttiva o quella della fioritura, durante i quali i disturbi possono avere conseguenze più gravi. Imparare a osservare e lavorare all'interno di questi cicli, piuttosto che contro di essi, è un modo per mostrare rispetto per i processi della natura. Questa mentalità ci insegna la pazienza e l'adattabilità, poiché impariamo a muoverci con la natura invece di cercare di dominarla.

Coltivare una mentalità da bushcraft implica pensare non solo alla propria esperienza nella natura ma anche a coloro che verranno dopo di noi. Praticare il "non lasciare traccia" e rispettare l'ambiente significa preservare la natura selvaggia per i futuri esploratori, che vorranno sperimentare la stessa bellezza incontaminata e le stesse risorse che possiedi. Immagina ogni spazio naturale come un tesoro condiviso che tutti noi siamo responsabili di proteggere. Quando lasci un posto migliore di come lo hai trovato, trasmetti agli altri la gioia e la meraviglia della natura.

Rispettare la natura significa anche apprezzarne la fragilità e comprendere che le nostre azioni hanno impatti reali. Ogni ramo spezzato, animale disturbato o corso d'acqua inquinato può alterare il delicato equilibrio di un ecosistema. Riconoscere questa interconnessione promuove un senso di responsabilità per la terra e il desiderio di ridurre al minimo la nostra impronta. Ad esempio, quando attraversi un fiume, cammina con attenzione sui sassi per evitare di danneggiare le piante lungo le rive. Quando cammini sui sentieri, rimani sui percorsi stabiliti per prevenire l'erosione del suolo e proteggere la vegetazione circostante.

Imparare dalle culture indigene può anche approfondire la nostra comprensione del rispetto e della responsabilità verso la natura. Molti popoli indigeni praticano da secoli uno stile di vita sostenibile, prendendo solo ciò di cui hanno bisogno e restituendo in modo da favorire la salute del territorio. Le loro conoscenze e pratiche evidenziano l'importanza dell'armonia con la natura e ci ricordano che facciamo parte di una rete di vita più ampia. Abbracciare questa prospettiva può ispirare un approccio più consapevole e rispettoso al bushcraft.

Il rispetto per la natura non è solo una questione di regole; si tratta di costruire una connessione significativa con la terra. Più tempo trascorri nella natura selvaggia, osservando e apprezzando le sue meraviglie, più imparerai ad apprezzarla e a proteggerla. La natura ci offre bellezza, avventura e risorse e trattarla con rispetto garantisce che rimanga un ambiente prospero e resiliente. Questo rispetto cresce naturalmente man mano che approfondisci le tue abilità nel bushcraft, creando un rapporto in cui ti prendi cura della terra così come lei si prende cura di te.

Un praticante responsabile del bushcraft porta con sé un senso di umiltà, riconoscendo di essere parte di qualcosa di più grande di loro. Questa umiltà favorisce il rispetto per ogni essere vivente e ci motiva a proteggerlo. Quando rispetti la natura, diventi un amministratore della terra, assicurando che la natura selvaggia rimanga un santuario per animali, piante e persone. Praticare il bushcraft con gratitudine e responsabilità non significa solo migliorare le proprie capacità; si tratta di abbracciare uno stile di vita che celebra e salvaguarda il mondo naturale.

Abbracciare Bushcraft come un viaggio, non come una destinazione

Bushcraft non è un'abilità da padroneggiare una volta e mettere da parte; è un viaggio che dura tutta la vita che cresce e si trasforma man mano che passi più tempo con esso. Ogni volta che entri nella natura selvaggia, impari qualcosa di nuovo sulla terra, sugli animali e su te stesso. Bushcraft mira a diventare più autosufficienti comprendendo e lavorando con la natura piuttosto che contro di essa. In questo senso, il bushcraft è più di un semplice insieme di tecniche; è uno stile di vita che ti incoraggia ad apprezzare la bellezza della semplicità, dell'intraprendenza e del rispetto per il mondo naturale.

Mentre esplori il bushcraft, ti renderai conto che c'è sempre qualcosa di nuovo da imparare. La natura cambia con le stagioni, il paesaggio cambia nel tempo e gli animali seguono i loro ritmi unici. Questi cambiamenti ci ricordano che la natura non è mai ferma e che c'è sempre spazio per crescere nella nostra comprensione. Non importa quanto diventi abile, ogni viaggio nella natura selvaggia offre nuove lezioni e sfide. Questa apertura all'apprendimento è ciò che rende il bushcraft un viaggio piuttosto che una destinazione finale. Abilità come accendere il fuoco, costruire rifugi e navigare sono essenziali, ma sono solo l'inizio di ciò che il bushcraft può insegnarti sulla resilienza e sull'adattabilità.

Abbracciare il bushcraft come un viaggio significa anche riconoscere che l'apprendimento può avvenire a piccoli passi. Alcuni giorni potresti trascorrere ore a imparare a identificare le piante commestibili, mentre altri giorni potresti concentrarti sull'osservazione delle tracce degli animali o sulla ricerca del miglior legno per intagliare. Ogni piccola scoperta si basa sulla precedente, creando una base di conoscenza che diventa più forte nel tempo. Anche quando commetti degli errori, come costruire un rifugio che non resista alla pioggia o lottare per accendere un fuoco, questi momenti sono preziose esperienze di apprendimento. Nel bushcraft gli errori non sono fallimenti; sono opportunità di crescita.

Considerare il bushcraft come una scelta di vita significa cambiare il tuo approccio alla natura e il modo in cui interagisci con il mondo. Inizi a portare le lezioni della natura selvaggia nella vita di tutti i giorni. Ad esempio, la pazienza che eserciti mentre segui gli animali o aspetti che si accenda un incendio ti insegna a rallentare e ad essere consapevole nella vita quotidiana. Le capacità di risoluzione dei problemi che sviluppi nel bushcraft ti aiutano ad affrontare le sfide con creatività e resilienza. Vivendo i principi del bushcraft; ad esempio rispettando le risorse, utilizzando solo ciò di cui hai bisogno e senza lasciare traccia, inizi a fare scelte più ponderate, sia nella foresta che a casa.

Uno stile di vita bushcraft incoraggia l'autosufficienza, il che non significa fare tutto da soli, ma avere invece fiducia nella propria capacità di soddisfare i propri bisogni utilizzando le risorse che ci circondano. L'autosufficienza costruisce la resilienza, aiutandoti a rimanere calmo e pieno di risorse anche in situazioni difficili. Imparare ad accendere un fuoco, costruire un rifugio o navigare utilizzando punti di riferimento naturali aumenta la sicurezza, dimostrandoti che sei in grado di gestire le situazioni in modo indipendente. Questa fiducia in se stessi non è utile solo in natura; è una qualità che può rafforzare la tua quotidianità insegnandoti a fidarti del tuo istinto e a trovare soluzioni ai problemi.

Durante il tuo viaggio nel bushcraft, noterai che il tuo legame con la natura si approfondisce. Mentre osservi i dettagli di ciò che ti circonda; come il modo in cui scorre un fiume, la struttura delle nuvole o la crescita delle piante, inizi a sentirti più in sintonia con la terra. Questa connessione porta un senso di calma e meraviglia, ricordandoti che fai parte di qualcosa di molto più grande. Molte persone ritengono che le pratiche di bushcraft diano loro un senso di pace e di appartenenza difficile da trovare altrove. Diventi più consapevole del delicato equilibrio della natura e questa consapevolezza rafforza il tuo desiderio di proteggerla e preservarla.

Il viaggio nel bushcraft favorisce anche lo spirito di curiosità. Quando impari un'abilità, spesso apre la porta a molte più domande. Ad esempio, quando impari a creare corde dalle fibre vegetali, potresti iniziare a chiederti altri modi per utilizzare quelle piante, oppure potresti iniziare a guardare alberi e piante sotto una nuova luce. Questa curiosità ti spinge a imparare non solo dai libri o dagli insegnanti ma dalle tue stesse osservazioni ed esperimenti. Bushcraft ti invita a esplorare il mondo con un senso di meraviglia, sempre desideroso di scoprire i misteri della natura.

Vivere uno stile di vita bushcraft implica anche un impegno per il miglioramento continuo. C'è sempre spazio per affinare le tue tecniche, provare approcci diversi ed espandere le tue capacità. Con ogni stagione, potresti rivisitare le abilità che hai praticato in precedenza, come raccogliere cibo, seguire le tracce degli animali o allestire un rifugio, ma con una nuova prospettiva. Col tempo scoprirai che le tue abilità si evolvono, diventando una seconda natura man mano che acquisisci più esperienza. Bushcraft non significa raggiungere la perfezione, ma abbracciare il processo e crescere man mano che si procede.

Questo viaggio incoraggia anche un senso di umiltà. La natura è potente e anche il bushcrafter più esperto è alla mercé degli elementi. Comprendendo che non hai il controllo della natura, impari ad affrontarla con rispetto e adattabilità. Se un temporale spazza via il tuo braciere costruito con cura o un forte vento abbatte il tuo rifugio, queste sfide ti ricordano di rimanere flessibile e intraprendente. L'umiltà è essenziale nel bushcraft, poiché ti insegna a lavorare con i ritmi della natura invece di cercare di piegarli alla tua volontà.

Abbracciare il bushcraft come viaggio significa anche condividerlo con gli altri. Man mano che cresci nelle tue capacità, potresti sentirti ispirato a insegnare o guidare qualcuno di nuovo nella pratica. Condividere ciò che hai imparato aiuta a rafforzare le tue conoscenze e costruisce una comunità di persone che condividono lo stesso rispetto per la natura e i valori del bushcraft. Che si tratti di mostrare a un amico come identificare le piante commestibili o di guidarlo nella costruzione di un semplice rifugio, insegnare le abilità del bushcraft rafforza i legami e crea un apprezzamento condiviso per la natura selvaggia.

Un aspetto chiave di questo viaggio è comprendere che il bushcraft è una questione di equilibrio. Non si tratta solo di sopravvivenza; si tratta di prosperare in armonia con la natura. Invece di fare affidamento esclusivamente sulle comodità moderne, il bushcraft incoraggia un approccio equilibrato, fondendo la conoscenza moderna con le abilità antiche. Questo equilibrio ci aiuta ad apprezzare sia le comodità della vita moderna sia la semplicità della vita naturale, favorendo un senso di gratitudine per entrambi.

Attraverso il bushcraft impari che il viaggio stesso è la ricompensa. Ogni esperienza, di successo o impegnativa, porta un senso di realizzazione e crescita personale. Impari la pazienza, la creatività, l'adattabilità e la gratitudine, tutte qualità che arricchiscono la tua vita oltre la natura selvaggia. Bushcraft diventa un modo per connettersi con la terra, comprendere il proprio posto al suo interno e acquisire fiducia nella propria capacità di affrontare le sfide della vita. Mentre abbracci il bushcraft come un viaggio, scopri che le abilità e la mentalità che coltivi possono guidarti attraverso qualsiasi percorso tu scelga di intraprendere.

CONCLUSIONE

Un viaggio permanente con Bushcraft: come continuare ad apprendere e crescere

Bushcraft è un viaggio che non finisce mai veramente. Ogni passo lungo il percorso apre le porte a nuove competenze, una comprensione più profonda e una maggiore connessione con il mondo naturale. Abbracciare il bushcraft come un percorso permanente significa impegnarsi nell'apprendimento continuo, nell'esplorazione e nel senso di avventura. Questo viaggio riguarda molto più della semplice sopravvivenza; è un modo per scoprire cosa significa vivere in armonia con la natura, rispettarne il potere e crescere con ogni nuova esperienza.

Uno dei modi migliori per continuare ad imparare è entrare in contatto con altri che condividono la passione per il bushcraft. Unirsi a una comunità di bushcraft; sia online, localmente o attraverso workshop, ti dà la possibilità di imparare da persone con un'ampia varietà di competenze e background. Queste comunità spesso organizzano riunioni, eventi di condivisione di competenze e spedizioni in cui è possibile esercitarsi in ambienti reali all'aperto. Circondarti di persone che condividono lo stesso rispetto per la natura aiuta ad approfondire la tua comprensione ed è un modo meraviglioso per stringere amicizie durature basate su un comune amore per la natura.

Imparare da mentori esperti è un altro modo prezioso per migliorare le tue capacità. I mentori possono guidarti in aree come l'accensione degli incendi, il tracciamento o la costruzione di rifugi, offrendo approfondimenti acquisiti in anni di pratica. Osservare le tecniche di un mentore e ascoltare le sue storie ti aiuta ad assorbire abilità pratiche e lezioni di vita che non sempre si trovano nei libri. Un mentore può anche offrire consigli su come affrontare le sfide, adattarsi a diversi ambienti e approfondire la consapevolezza dei segni sottili della natura. Queste relazioni rendono il tuo percorso di apprendimento più ricco e ti aiutano a evitare errori comuni.

Anche sfidare te stesso in nuovi ambienti è una parte fondamentale della crescita. Ogni tipo di paesaggio, dalle fitte foreste alle aperte pianure o montagne, presenta ostacoli e opportunità di apprendimento unici. Esercitarsi in luoghi diversi ti consente di comprendere come le tecniche del bushcraft variano a seconda del territorio e del clima. Inoltre, mantiene le tue abilità adattabili, mentre impari a navigare su diversi tipi di terreno, a trovare risorse specifiche per ciascun ambiente e ad adattarti alle mutevoli condizioni meteorologiche. Queste esperienze ti insegnano resilienza e intraprendenza, aiutandoti a rispondere con sicurezza in qualsiasi contesto.

Studiare la fauna selvatica è un altro modo per approfondire le tue capacità. L'osservazione da vicino degli animali rivela modelli di comportamento, cambiamenti stagionali e cicli naturali. Imparare a leggere i segnali degli animali come tracce, richiami e aree di nidificazione ti aiuta a comprendere l'ecosistema locale. Questa conoscenza arricchisce il tuo viaggio nel bushcraft insegnandoti come gli animali interagiscono con il loro habitat e come convivere rispettosamente con la fauna selvatica. Costruire una familiarità con le piante, gli animali e il clima della tua zona rafforza la tua capacità di vivere in sintonia con la natura.

Esercitarti regolarmente, anche in piccole cose, manterrà affinate le tue abilità nel bushcraft. Abilità come fare nodi, accendere un fuoco o identificare le piante traggono vantaggio da un uso frequente, quindi prova a incorporarle nella tua vita quotidiana. Praticare vicino a casa tua, come creare corde con piante locali o cucinare all'aperto, aumenta la fiducia e rafforza ciò che sai. Ogni piccola sessione pratica arricchisce le tue conoscenze, rendendoti più preparato e adattabile quando ti avventuri nelle profondità della natura selvaggia.

Leggere e ricercare nuove tecniche è un altro modo per continuare a crescere. Libri, risorse online e video possono farti conoscere competenze avanzate e nuovi approcci ad attività familiari. La ricerca sui metodi tradizionali utilizzati dalle culture indigene di tutto il mondo può ampliare la tua prospettiva e darti una comprensione più completa del bushcraft. Conoscere le radici culturali e storiche del bushcraft ti connette a un più ampio patrimonio di conoscenze, mostrandoti come queste abilità hanno aiutato le persone a sopravvivere e prosperare per secoli.

Soprattutto, la parte più importante di un viaggio permanente con il bushcraft è coltivare un senso di curiosità e rispetto per la natura. Più impari, più ti rendi conto che c'è sempre qualcosa di nuovo da scoprire. La natura è piena di meraviglie e misteri e ogni giornata trascorsa all'aria aperta porta con sé una nuova lezione. La curiosità ti tiene impegnato, ti incoraggia a porre domande e ti spinge a cercare risposte. Il rispetto, invece, ti ricorda di trattare la natura con cura, di prendere solo ciò di cui hai bisogno e di lasciare i luoghi belli come li hai trovati.

Bushcraft non è solo un insieme di abilità; è un percorso che approfondisce il tuo rapporto con la natura, te stesso e coloro che condividono il viaggio con te. Mentre continui a imparare e a crescere, ricorda che il bushcraft riguarda tanto il viaggio stesso quanto le abilità che acquisisci. Abbraccia ogni passo, goditi la bellezza delle piccole scoperte e porta con te i valori del bushcraft; rispetto, curiosità e resilienza, con te ovunque tu vada. Questo viaggio ti regalerà ricordi per tutta la vita, un profondo apprezzamento per la natura e una fiducia in te stesso che ti servirà in ogni avventura che ti aspetta.

www.ingramcontent.com/pod-product-compliance
Lightning Source LLC
Chambersburg PA
CBHW052346220526
45465CB00003BA/975